Amarnath D. Landge
Nitin P. Gulhane
Manishkumar G. Gadle

Aplicação do depurador Venturi na engenharia nuclear

Amarnath D. Landge
Nitin P. Gulhane
Manishkumar G. Gadle

Aplicação do depurador Venturi na engenharia nuclear

ScienciaScripts

Imprint

Any brand names and product names mentioned in this book are subject to trademark, brand or patent protection and are trademarks or registered trademarks of their respective holders. The use of brand names, product names, common names, trade names, product descriptions etc. even without a particular marking in this work is in no way to be construed to mean that such names may be regarded as unrestricted in respect of trademark and brand protection legislation and could thus be used by anyone.

Cover image: www.ingimage.com

This book is a translation from the original published under ISBN 978-3-330-32974-4.

Publisher:
Sciencia Scripts
is a trademark of
Dodo Books Indian Ocean Ltd. and OmniScriptum S.R.L publishing group

120 High Road, East Finchley, London, N2 9ED, United Kingdom
Str. Armeneasca 28/1, office 1, Chisinau MD-2012, Republic of Moldova, Europe
Printed at: see last page
ISBN: 978-620-7-60618-4

Resumo do conteúdo

SAIR

Gostaria de agradecer a todas as pessoas cujo apoio e colaboração foram inestimáveis durante a redação deste livro. Kaustubh Chavan, Ashish Shelke, Dhananjay Shukla, Ashish Umbarkar, Shrikant Kale, Anand Tapdia, Kamlesh Suwarnakar e Rahul Sonkamble, por me terem orientado e apoiado ao longo de todo o projeto e por lhe terem dado a forma atual.

Estou também grato a todo o pessoal docente e não docente do Departamento de Mecânica, VJTI Mumbai e APSIT Thane pela sua ajuda direta ou indireta na realização deste livro e pelos recursos fornecidos.

Por último, gostaria de agradecer à minha família e aos meus amigos por me motivarem e acreditarem em mim.

RESUMO

Este livro contém um estudo experimental e analítico dos parâmetros de desempenho dos depuradores Venturi. Os depuradores Venturi são utilizados no sistema de filtragem a vácuo da contenção (CFVS) das centrais nucleares (NPPs) para remover os poluentes gasosos dos gases contaminados em caso de acidente grave. Uma das lições aprendidas com a gestão do acidente de Fukushima é a necessidade de instalar um sistema de ventilação fiável e reforçado para proteger o confinamento contra a sobrepressão, bem como um sistema eficaz de gestão do hidrogénio capaz de ventilar a atmosfera do confinamento para o ambiente, tendo em conta as orientações da Gestão de Acidentes Graves (SAM) para garantir a integridade do confinamento e a segurança pública. Os planos têm em conta a descontaminação significativa da radioatividade através da purificação dos produtos de cisão antes da sua libertação no ambiente.

O objetivo do estudo experimental é investigar a eficiência da remoção de iodo num lavador venturi de auto-sucção para condições de funcionamento em imersão. Este estudo apresenta uma experiência em que o vapor de iodo é misturado com ar, com um sistema de sucção venturi para o iodo e um sistema de cozedura sob pressão. Os parâmetros de desempenho do purificador venturi são expressos principalmente em termos de queda de pressão e eficiência de remoção de iodo. O depurador venturi foi concebido para uma ação de auto-sucção com água como líquido de depuração do ar contaminado. Ao misturar iodo com ar, a eficiência de depuração do depurador Venturi deve ser estudada. A eficiência de remoção de iodo do purificador Venturi é determinada por uma série de duas experiências em que a quantidade de iodo na água é medida por titulação iodométrica com dois valores diferentes de pH da água. Verificou-se experimentalmente que a eficiência de remoção de iodo da depuradora Venturi pode ser melhorada utilizando um pH mais elevado para o líquido de depuração, uma vez que a solubilidade do iodo é melhorada a um pH mais elevado.

1. INTRODUÇÃO

1.1 Geral

Em caso de acidente grave numa central nuclear (CN), o núcleo funde devido à perda de líquido de refrigeração. Como resultado, os produtos de cisão são libertados do combustível para a contenção. A norma NUREG-1465 especifica que o produto de cisão do iodo libertado para o confinamento contém iodo em diferentes formas químicas e em diferentes percentagens, nomeadamente CsI 95%, I mais HI 5% e I e HI com não menos de 1% [6]. Devido ao seu elevado impacto radiológico, pode prejudicar a saúde humana e o ambiente se não puder ser retido. Devido a estes efeitos perigosos, é necessário remover o iodo dos gases contaminados. Para o efeito, a central nuclear foi equipada com um Sistema de Ventilação de Contenção Filtrada (FCVS), constituído por depuradores venturi e filtros de fibras metálicas, como se mostra na Figura 1.1.

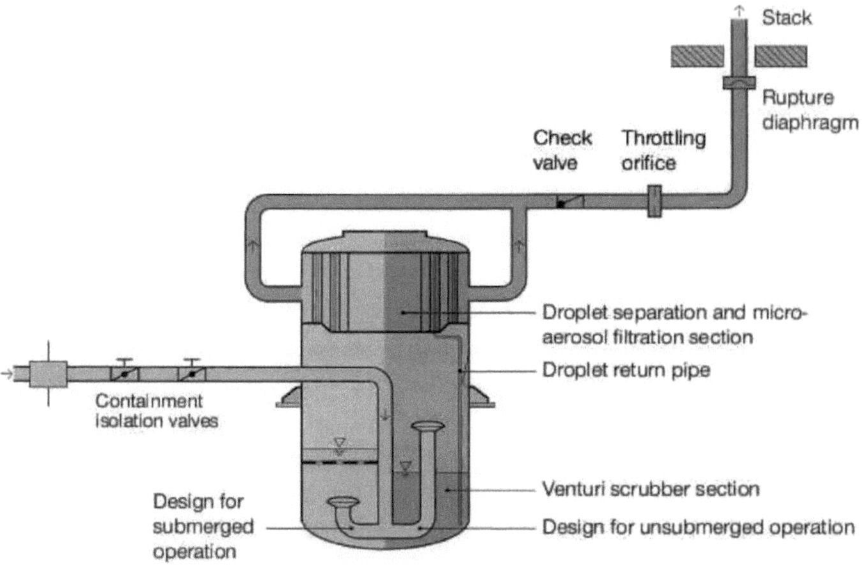

Figura 1.1: Sistema de ventilação de contenção filtrada da AREVA

Estes depuradores Venturi purificaram o gás contaminado e capturaram o iodo radioativo através do processo de absorção pelo líquido de depuração. Desde meados do século XX, o depurador Venturi tem sido uma das escolhas preferidas de engenheiros e cientistas para a purificação de gases contaminados. O depurador venturi remove com sucesso partículas submicroscópicas e poluentes gasosos simultaneamente do fluxo de gás através de gotículas durante o curto tempo de contacto entre as fases líquida e gasosa. As partículas submicrónicas são capturadas, enquanto os poluentes gasosos são absorvidos pelo líquido. O depurador venturi consiste essencialmente em três secções: uma secção convergente em que o gás é acelerado até à sua velocidade máxima; uma secção de estreitamento entre as partes convergente e divergente, em que o gás e o líquido interagem; e, finalmente, uma secção de difusão em que as velocidades do líquido são abrandadas para restabelecer a pressão [4]. Existem dois métodos de alimentação de líquido no depurador venturi: a alimentação forçada por bombas e o método de auto-aspiração, que se baseia na diferença de pressão entre a pressão hidrostática do líquido no tanque e a pressão estática do gás num depurador venturi [7]. O líquido é introduzido na secção convergente ou estreita do jato, quer como uma película quer como um spray. A interação entre o gás e o líquido tem lugar na zona de constrição, onde o gás decompõe o líquido a alta velocidade num grande número de gotículas minúsculas. O lavador venturi auto-aspirante é relativamente simples, requer pouco espaço, não tem peças rotativas, pode suportar altas temperaturas, não tem custos de funcionamento e elimina simultaneamente poeiras e gases poluentes. Um dos seus principais inconvenientes é o tratamento de efluentes líquidos [1].

Os sistemas das centrais nucleares (centrais nucleares) são classificados, em termos gerais, em duas categorias: Sistemas importantes para a segurança e sistemas não importantes para a segurança. As funções básicas de segurança que devem ser cumpridas para o funcionamento seguro de uma central nuclear são: paragem do reator, remoção do calor do núcleo, contenção dos materiais radioactivos para limitar a sua libertação no ambiente. Estas funções devem ser cumpridas em todos os estados de funcionamento da instalação, ou seja, em funcionamento normal, em caso de eventos operacionais previsíveis (POO) e em caso de acidente. As funções de segurança incluem também a limitação das consequências dos acidentes, a fim de reduzir a libertação de atividade para o ambiente. O sistema de ventilação de confinamento filtrado (FCVS) foi proposto para ser utilizado em caso de acidente grave numa central nuclear (NPP). O CFVS protege a integridade do sistema em caso de sobrepressão no confinamento da central nuclear.

1.2 Introdução ao sistema de ventilação filtrada de confinamento (CFVS)

1.2.1 Necessidade de instalação numa central nuclear

Em muitos sectores industriais e centrais eléctricas, a emissão de uma vasta gama de partículas finas e de gases poluentes constitui um grande problema a nível mundial devido aos seus efeitos nocivos. No caso de um acidente grave numa central nuclear devido à fusão do núcleo, a emissão de partículas finas e de gases poluentes a partir do recipiente de contenção constitui um perigo para os seres humanos e para o ambiente (Feng e Xinrong, 2009). Para atenuar os efeitos da radioatividade, é instalado nas centrais nucleares o sistema de ventilação com filtro de contenção (CFVS) (Schlueter e Schmitz, 1990). Foram propostas e instaladas muitas concepções diferentes de CFVS para separar as partículas e os poluentes gasosos de um fluxo de gás (Schlueter e Schmitz, 1990; Kolditz, 1995; Rust et al., 1995; Reim e Hurlebaus, 1995). Mesmo em cenários de acidentes graves, podem ser libertadas, num curto espaço de tempo, grandes quantidades de hidrogénio para a atmosfera do confinamento, cuja ignição pode conduzir a processos de combustão turbulentos não controlados que podem pôr em perigo a integridade do confinamento e exceder os valores de projeto de sobrepressão do confinamento. Nestes casos, é necessária uma descompressão fiável da contenção para manter a integridade da contenção. É necessário um sistema de ventilação de confinamento filtrado (FCVS) para proporcionar eficazmente essa despressurização do confinamento, minimizando simultaneamente a libertação de substâncias radioactivas para o ambiente. O objetivo de um FCVS para centrais nucleares é evitar a libertação descontrolada de grandes quantidades de produtos de cisão em caso de acidente nuclear, que seria acompanhado por uma despressurização lenta do confinamento. Tal acontecimento poderia pôr em causa a integridade do confinamento do reator, cuja falha poderia levar à contaminação de grandes áreas de terreno e a possíveis consequências negativas para a saúde, segurança e bem-estar da população que vive nas imediações de uma central nuclear. Os requisitos funcionais para a ventilação filtrada do confinamento do reator são concebidos para satisfazer estas condições, de modo a que a base de conceção do confinamento garanta a sua integridade em todas as outras condições. As fugas de radiação para o ambiente dependem da taxa de evacuação do sistema de ventilação filtrada do confinamento (CFVS), da taxa de fugas, da deposição, da ressuspensão, da filtração, da recirculação e da remoção de pulverização.

1.2.2 Principais benefícios

<u>Prevenção de danos fiável</u>

- Evitar uma pressão de confinamento excessiva.
- Libertação segura de hidrogénio.
- Controlo do calor pós-desintegração dos produtos de cisão capturados.
- Manutenção fiável da atividade com arejamento a curto e longo prazo.

<u>Alta eficiência</u>

- Funcionamento fiável a médio e longo prazo graças à combinação das vantagens da tecnologia de lavagem a húmido de alta velocidade e das funções mais eficientes de filtragem de fibras metálicas a seco.

• Atenuação: elimina até 99,99% dos aerossóis e 99,5% do iodo aquando da evacuação do ar.

• Verificação completa do processo, mesmo em condições de alta pressão de deslizamento e temperatura com diferentes tipos e tamanhos de aerossóis e iodo.

• Recuperação da atividade no confinamento.

Flexibilidade óptima

• Funcionamento passivo e arranque acionado pelo operador.

• Controlo passivo de alta velocidade da secção venturi.

• Funciona numa vasta gama de caudais.

• Elevada capacidade de sobrecarga inerente ao sistema em termos de caudal, capacidade de aerossol, etc.

• Qualificação sísmica.

• Design extremamente compacto graças ao funcionamento por pressão deslizante.

• Fácil de atualizar e manter.

1.2.3 Ventilação do confinamento

1.2.3.1: Objectivos e requisitos de conceção

A via de ventilação existente para o confinamento é através do sistema PCCD (Primary Containment Controlled Discharge), que consiste num sistema de canais que não foi concebido para a pressão de projeto do confinamento. A ventilação a alta pressão do confinamento, em caso de acidente grave, pode levar à falha do sistema de canais, à libertação da atmosfera do confinamento para o ambiente e à possível contaminação ou danificação do equipamento necessário para combater o acidente. Por conseguinte, deve ser previsto um respiradouro de ar através de um tubo endurecido capaz de suportar uma pressão superior à pressão de projeto do confinamento. A função de ventilação do confinamento deve ser concebida com base na ocorrência de danos significativos no núcleo em conjunto com a presença de hidrogénio não condensável. A conceção do sistema de ventilação reforçado deve ser passiva e o sistema de ventilação deve ser capaz de ventilar a atmosfera de confinamento de forma independente, sem interferir com o funcionamento do equipamento de outras unidades. O sistema de ventilação de confinamento filtrado (FCVS) é um sistema de ventilação reforçado porque tem estas características.

1.2.3.2: Processo de desarejamento

O sistema de ventilação filtrada do confinamento (CFVS) está equipado com depuradores

Venturi através dos quais o gás contaminado é evacuado. A figura 1.2 apresenta um diagrama do CFVS. O depurador Venturi funciona a pressões próximas da pressão existente no confinamento. O fluxo de purga que entra no depurador é introduzido numa piscina de água por um pequeno número de venturis curtos imersos.

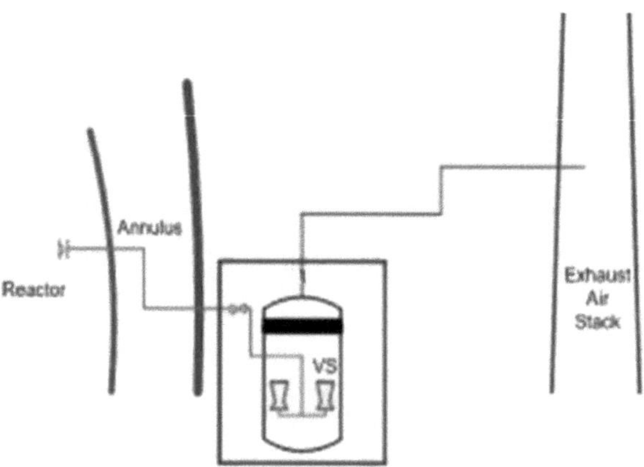

Figura 1.2: Sistema de ventilação de contenção filtrada numa central nuclear

medida que os gases de escape passam através da garganta do venturi, o fluxo de gás de entrada cria uma sucção que arrasta a água de lavagem e, devido à grande diferença entre a velocidade das partículas de água de lavagem e a do fluxo de gases de escape de entrada, uma grande proporção dos aerossóis é removida. Ao mesmo tempo, as partículas de água de lavagem arrastadas proporcionam grandes superfícies de transferência de massa no interior da garganta da tubeira, permitindo uma absorção eficiente do iodo. A retenção óptima de iodo na bacia da água de lavagem é conseguida através do condicionamento da água com soda cáustica e outros aditivos. Devido ao mecanismo que ocorre no venturi, a maior parte das partículas de iodo e de aerossol são efetivamente separadas nas gargantas destes bocais. A piscina de água que rodeia os bicos actua como um separador primário de gotículas e como um estágio secundário para reter os aerossóis e o iodo. O gás que sai da bacia de água contém ainda pequenas quantidades de aerossóis difíceis de separar, bem como gotículas de água de lavagem. Para garantir uma elevada eficiência de retenção mesmo durante um longo período de tempo - 24 ou 48 horas, por exemplo - um separador de gotículas altamente eficiente e um filtro de microaerossóis são fornecidos como um segundo estágio de retenção. Mesmo em condições de caudal extremamente baixo, a reduzida capacidade de retenção do venturi é totalmente compensada pelo filtro-expansor.

1.3 Introdução ao depurador Venturi

1.3.1 Introdução

O depurador venturi é um dos dispositivos mais adequados para separar simultaneamente as partículas e os poluentes gasosos de um fluxo de gás no CFVS. Um depurador venturi típico é constituído por três partes principais: uma secção convergente, uma constrição e um difusor, como se mostra na figura 2. A parte convergente é utilizada para acelerar o gás para pulverizar o líquido de lavagem. A secção da garganta situa-se entre a secção convergente e o difusor e é utilizada para fazer interagir o líquido e o gás, enquanto o difusor é utilizado para abrandar o gás de modo a permitir alguma recuperação de pressão. A secção transversal geométrica de um depurador venturi é redonda ou retangular. O líquido é injetado no depurador venturi de duas formas: por injeção forçada utilizando bombas ou por auto-aspiração devido à diferença de pressão entre a pressão hidrostática do líquido e a pressão estática do gás (Lehner, 1998). Num depurador venturi, o líquido é introduzido sob três formas diferentes: película, jato ou spray. Num lavador venturi de parede húmida, o líquido é introduzido como uma película imediatamente a montante da secção de convergência, enquanto que num lavador venturi Pease-Anthony, o líquido é injetado através das aberturas do canal venturi e num lavador venturi ejetor, é utilizado um jato, geralmente dirigido para cima contra o fluxo de gás no canal (Gamisan *et al.*, 2002). Os depuradores Venturi são classificados de acordo com a conceção da constrição: em primeiro lugar, o depurador Pease-Anthony tem uma constrição constante e, em segundo lugar, o depurador McInnis-Bischoff tem uma constrição variável para adaptar o caudal (Viswanathan, 1998a). Os depuradores Venturi podem ser classificados de acordo com a queda de pressão: depuradores de baixa energia (menos de e até 2,42 kPa), depuradores de média energia (2,42 a 4,9 kPa) e depuradores de alta energia (mais de 4,9 kPa) (Gamisan *et al.*, 2002). Os depuradores Venturi têm a vantagem de serem simples na conceção e fáceis de instalar, de não terem partes móveis no interior do depurador, de terem baixos custos de manutenção e de investimento inicial, de poderem tratar poeiras inflamáveis e explosivas, de arrefecerem gases quentes, de neutralizarem gases e poeiras corrosivos e de poderem variar a eficiência da separação. O principal inconveniente é a eletricidade necessária para o seu funcionamento.

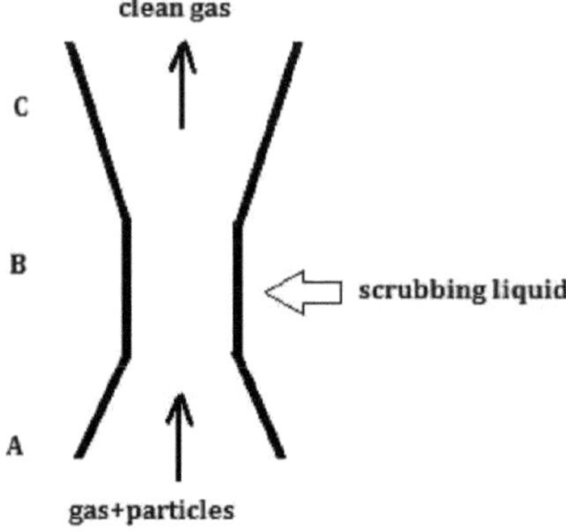

1.3.2 Recolha de partículas

Quando o gás entra na garganta, a sua velocidade aumenta bruscamente, atomiza-se e mistura-se turbulentamente com o líquido de lavagem presente. O líquido atomizado fornece uma enorme quantidade de gotículas minúsculas sobre as quais as partículas de pó podem ser esmagadas. A elevada velocidade relativa entre as gotículas e as partículas melhora a separação por um mecanismo de inércia.

Figura 1.3: Representação esquemática do funcionamento de um depurador venturi.

A eficiência da separação de partículas aumenta com a queda de pressão, uma vez que a turbulência aumenta devido à elevada velocidade do gás na garganta. O venturi pode funcionar com uma queda de pressão de 12 a 250 cm (5 a 100 in.) de água. A maioria dos venturis funciona geralmente com uma queda de pressão entre 50 e 150 cm (20 e 60 in.) de água. Com estas quedas de pressão, a velocidade do gás na zona de constrição situa-se geralmente entre 30 e 120 m/s. Estas elevadas quedas de pressão conduzem a elevados custos de funcionamento.

A taxa de injeção de líquido ou a relação líquido/gás (L/G) também tem influência na separação das partículas. Deve ser injectada a quantidade certa de líquido para assegurar uma cobertura suficiente de líquido na área do gargalo e para compensar as perdas por evaporação. Se for injetado muito pouco líquido, não existem alvos líquidos suficientes para atingir a eficiência de separação necessária. A maioria dos sistemas venturi funciona com um rácio L/G de 0,4 a 1,3 L/m3 (3 a 10 gal/1000 pés3) (Brady e Legatski 1977). Os rácios L/G inferiores a

0,4 L/m3 (3 gal/1000 pés3) não são geralmente suficientes para atingir a eficiência de separação necessária. 11

A adição de mais de 1,3 l/m3 (10 gal/1000 ft3) geralmente não melhora significativamente a eficiência da separação de partículas.

1.4 . Objectivos

O objetivo deste trabalho é estudar o desempenho do lavador venturi com base na perda de carga e na eficiência de remoção de iodo, examinando os factores importantes que influenciam estas variáveis.

Os objectivos do presente estudo são enumerados aqui, por exemplo

- Estimativa da eficiência de remoção de iodo do purificador venturi concebido por um método experimental
- Calcule a queda de pressão através do purificador venturi pretendido utilizando um método experimental.
- Determinação da relação entre o fluxo de líquido e o fluxo de gás, ou seja, a relação L/G para o depurador venturi planeado
- Cálculo teórico das perdas de carga através de modelos.

1.5 Organização:

Este trabalho de investigação está estruturado da seguinte forma: A Secção 2 descreve a pesquisa bibliográfica para compreender os parâmetros de desempenho do depurador venturi, a Secção 3 fornece detalhes da configuração experimental, a Secção 4 explica o mecanismo de remoção de iodo no depurador venturi e a Secção 5 destaca o estudo teórico da queda de pressão, a Secção 6 discute os resultados experimentais e as discussões e a Secção 7 conclui o trabalho concluído com o seu âmbito futuro.

2. REVISÃO DA LITERATURA

Os dispositivos Venturi são utilizados há mais de 100 anos para medir os caudais de líquidos (os tubos Venturi receberam o nome do físico italiano Giovanni Battista Venturi). Há cerca de 35 anos, Johnstone (1949) [3] e outros investigadores descobriram que podiam utilizar eficazmente a configuração Venturi para remover partículas de fluxos de gás.

Na literatura russa, existem vários tratados sobre depuradores venturi que tratam de aspectos teóricos. Na revisão da literatura, os parâmetros de desempenho dos depuradores venturi, nomeadamente a queda de pressão, o tamanho das gotículas, a eficiência de separação das partículas e a eficiência de separação do iodo, são examinados em pormenor.

2.1 Queda de pressão

A perda de carga é um parâmetro importante para o desempenho dos depuradores Venturi, uma vez que a melhoria da eficiência da instalação está sempre associada a este parâmetro. A perda de carga do gás que passa através de um depurador Venturi consiste na perda por fricção ao longo da parede do depurador e na aceleração das gotículas de líquido [4]. As perdas por fricção dependem largamente da geometria do purificador. As perdas por aceleração predominam frequentemente na queda de pressão do purificador venturi, mas estas perdas são bastante insensíveis à geometria do purificador e podem ser previstas teoricamente na maioria dos casos. A contribuição de Azopardi e da sua equipa para a perda de carga é constituída por cinco componentes, nomeadamente a perda de carga por fricção, a perda de carga por aceleração do gás, a perda de carga por aceleração das gotículas, a perda de carga por aceleração da película e a perda de carga por gravidade (estática).

2.1.1 Queda de pressão devida ao atrito :

Trata-se de uma perda de pressão irrecuperável devido à tensão de cisalhamento exercida sobre o gás na parede. Por analogia com o fluxo num tubo, esta perda é proporcional à rugosidade da superfície e ao quadrado da velocidade do gás. Se não houver saliências no fluxo de gás, a perda ocorre principalmente na garganta, com apenas pequenas perdas nas secções convergentes e divergentes.

2.1.2 Queda da pressão de aceleração do gás :

Isto resulta da variação recuperável da energia cinética do gás à medida que este é acelerado na secção convergente e travado na secção divergente. Na ausência de turbulência, a variação teórica total é zero. Na prática, é inevitável alguma perda.

2.1.3 Queda da pressão de aceleração das gotas :

Isto constitui a maior parte da queda de pressão "húmida" e não é recuperável. Nos venturis de parede húmida, a maior parte da pulverização ocorre quando a película de líquido se desprende das paredes da secção convergente no início da garganta.

2.1.4 Queda de pressão de aceleração da película :

À semelhança do que foi descrito anteriormente, também é efectuado trabalho nas paredes à medida que a película líquida acelera. Isto ocorre parcialmente na secção convergente, mas atinge um pico no início do gargalo. No ponto de atomização, a energia é transferida para a fase de gotícula e a componente de pressão da película diminui.

2.1.5 Queda de pressão (estática) devida à gravidade :

Este é o aumento de pressão adicional que ocorre em unidades verticais e verticalmente inclinadas devido ao peso do gás e do líquido no venturi.

De acordo com R. W. K. Allen e A. van Santen [4], apenas a perda de aceleração na fase líquida tem recebido considerável atenção teórica em modelos analíticos. Mesmo para os depuradores de garganta longa que funcionam em condições práticas de rácio líquido/gás, isto não é adequado, uma vez que a perda de carga na fase líquida só pode representar 80% da perda de carga total. Para depuradores Venturi de garganta curta, como a unidade prismática aqui estudada, a perda de aceleração da fase gasosa (perda de carga seca) pode mesmo ser dominante (mais de 60% nestes ensaios).

Existem várias correlações teóricas e experimentais para prever a perda de carga num depurador venturi. Os modelos numéricos mais influentes para a perda de carga foram apresentados por Calvert [5] e Boll [6].

As correlações de Matrozov [7], Yamauchi et al [8], Volgin et al [9], Gleason et al [10] e Hesketh [11] são correlações experimentais. As correlações de Matrozov e Volgin foram estabelecidas principalmente em pequenos depuradores venturi. ∞A correlação de Yamauchi baseia-se em dados experimentais obtidos num depurador venturi com um fluxo de gás a alta temperatura (100 C - 900 C). A correlação de Hesketh é uma correlação experimental que foi obtida após a avaliação de dados de numerosos depuradores venturi de aceleração fixa.

As equações propostas por Yoshida et al [12], Calvert [5] [17], Tohata et al [13], Boll [6] e Behie e Beeckmans [14] são correlações teóricas. Calvert derivou a sua equação utilizando a lei de Newton para determinar a força necessária para alterar o momento de um fluido a uma dada velocidade. O atrito nas paredes e a recuperação do momento pelo gás na secção divergente foram negligenciados na derivação. Todas as outras equações teóricas foram derivadas da equação de movimento e do balanço de momento. A equação de Geiseke [15] também tem em conta a transferência de massa entre o líquido e o gás. A equação de Boll é semelhante à de Geiseke, exceto que Boll negligenciou a transferência de massa entre fases. Os modelos matemáticos da perda de carga utilizados pelos diferentes investigadores são diferentes, uma vez que todos eles têm em conta diferentes parâmetros no cálculo da perda de carga. Algumas destas correlações para a perda de carga em depuradores venturi estão resumidas no Quadro 1.

Investigator	Mathematical models
Matrozov [7]	$\Delta P = \Delta P_D + 1.38 \times 10^{-3} \times u_{GT}^{1.08} \left(\dfrac{Q_L}{Q_G}\right)^{0.63}$
Yoshida et al. [12]	$\Delta P = \dfrac{\rho_G u_{GT}^2}{2 \times g_c}\left(a + b\dfrac{Q_L}{Q_G}\right)$ $a = \dfrac{\bar{f}_C}{\delta \tan\frac{\theta_1}{2}} + 4f_T \dfrac{l_T}{d_T} + \tau\left(1 - 2\dfrac{d_T^2}{d_0^2}\right)$ $b = (\xi_T - 1)\dfrac{4f_T l_T}{\rho_m d_T} + (\xi_{DS} - 1)\dfrac{\tau}{\rho_m}\left(1 - \dfrac{d_T^2}{d_0^2}\right)$
Yamauchi et al. [8]	$\Delta P = 0.3(\Delta T)^{-0.28} \times \dfrac{\rho_G u_{GT}^2}{2 \times g_c}\left(1 + \dfrac{Q_L}{Q_G}\right)$
Tohata et al. [13]	$\Delta P = \dfrac{\rho_G u_{GT}^2}{2 \times g_c}\left\{1 - \left(\dfrac{A_T}{A_{DS}}\right)^2\left[\dfrac{f_C}{\delta \tan\theta_1} + \dfrac{f_{DS}}{\delta \tan\theta_2}\right] + \tau_1 + \tau_2 + f_T\dfrac{l_T}{d_T}\right\}$
Geiseke[15]	$\Delta P = \dfrac{76}{g_c S_\epsilon}\left[m_G \Delta u_G + m_L \Delta u_L + \dfrac{\Delta m_L}{2}\left(u_{G_1} + u_{G_2} - u_{L_1} - u_{L_2}\right)\right]$
Volgin et al.[9]	$\Delta P = 3.32 \times 10^{-6} \times u_{GT}^2 \left(\dfrac{Q_L}{Q_G}\right)^{0.26} (l_T)^{1.43}$
Calvert [5][17]	$\Delta P = 1.03 \times 10^{-3} \times u_{GT}^2 \left(\dfrac{Q_L}{Q_G}\right)$

Tabela 2.1: Correlações para a queda de pressão no depurador Venturi
Amarnath D. Landge

2.2 Eficiência da recolha de partículas

A eficiência da separação de partículas de um depurador venturi é influenciada por muitos parâmetros, como o tamanho e a distribuição do tamanho das partículas, a velocidade do gás, a relação líquido/gás, etc. A abordagem básica para estudar a separação de pequenas partículas é avaliar os diferentes mecanismos que podem ocorrer no dispositivo de controlo. A abordagem básica para estudar a separação de pequenas partículas consiste em avaliar os diferentes mecanismos que podem ocorrer no dispositivo de controlo. No "Scrubber Handbook" de Calvert et al (1972) [16], são descritos cinco mecanismos básicos, nomeadamente: separação por gotículas, separação por cilindros, separação de partículas por bolhas, separação por um aerossol em movimento em tubos e canais, separação de partículas por jactos de líquido [17]. Destes cinco mecanismos, a separação por gotas é a que ocorre predominantemente no purificador venturi.

Com base na distribuição da concentração de gotículas, Taheri e Sheih [18] criaram um modelo tridimensional para a eficiência de separação dos lavadores venturi. No entanto, ao assumir que todos os jactos são atomizados num único ponto do eixo do purificador, o modelo não continha uma verdadeira descrição da dinâmica dos jactos. De acordo com esta teoria, com exceção da velocidade do líquido e do diâmetro do jato, os jactos tinham sempre a mesma profundidade de penetração, o que conduzia subsequentemente à mesma cobertura inicial do pescoço, que deixava então de ser uma variável que influenciava a eficiência da separação.

A recolha de partículas por gotículas de líquido pode ocorrer através de diferentes mecanismos ou fenómenos, tais como a recolha por inércia, o aprisionamento, a difusão, a recolha eletrostática e a recolha por gravidade. Todos os investigadores concluíram que a recolha por inércia é o principal mecanismo de recolha de partículas num lavador venturi para partículas de diâmetro superior a 0,5 pm [17]. A separação por inércia resulta de uma mudança de velocidade entre as partículas

Gleason et al. [10]	$\Delta P = 2.08 \times 10^{-5} \times u_{GT}^2 (0.264 \times Q_L + 73.8)$
Boll [6]	$\Delta P_{loss} = \beta \rho_L \left(\dfrac{Q_L}{Q_G}\right) u_{GT}^2$
Behie and Beeckman [14]	$\Delta P = -\left(\dfrac{6F}{\pi d_d \rho_d}\right)\left[\dfrac{1}{2} C_D \rho_G (u_G - u_d)^2 \times \dfrac{\pi d_d^2}{4}\right] dt$
Hesketh [11]	$\Delta P = 1.36 \times 10^{-4} \times u_{GT}^2 \rho_G A_T^{0.133}\left[0.56 + 935\left(\dfrac{Q_L}{Q_G}\right) + 1.29 \times 10^{-5}\left(\dfrac{Q_L}{Q_G}\right)^2\right]$

Amarnath D. Landge e o próprio gás. Para as partículas com um diâmetro inferior a 0,1 um, predomina a acumulação por difusão, causada tanto pelo movimento do líquido como pelo movimento aleatório das partículas.

2.3 Líquido Tamanho da gota

O principal mecanismo de recolha num depurador venturi é a recolha de partículas por gotas de líquido. A eficiência de separação de uma gota depende do seu tamanho. Para modelar a separação de partículas por um lavador venturi, precisamos, portanto, de conhecer o tamanho das gotas de líquido atomizado. Existem várias correlações para estimar o tamanho médio das gotas de líquido, cada uma das quais é aplicável a uma gama específica de condições de funcionamento e propriedades físicas dos líquidos, como a viscosidade, a densidade e a tensão superficial. Estas correlações para a dimensão das gotas de líquido estão resumidas no Quadro 2.2. A correlação mais frequentemente citada é a de Nukiyama e Tansawa [19], que dá o diâmetro médio das gotas para o ar e a água normais num purificador venturi.

Nos últimos 30 anos, foram publicados vários trabalhos com dados sobre o tamanho de gota para depuradores venturi. A correlação de Nukiyama e Tanasawa (1938) tem sido usada extensivamente durante muitos anos para determinar o tamanho médio de gota dos líquidos. Parker e Cheong (1973) [20] apresentaram dados de tamanho de gota para um depurador venturi em que o líquido foi injetado como uma película, tendo em conta a abordagem de molhagem. Eles mediram o tamanho da gota usando uma técnica semelhante à usada por Nukiyama e Tanasawa. Azzopardi [21] e a sua equipa estimaram o tamanho das gotas nos lavadores venturi com maior precisão e concluíram que a velocidade do gás era o principal fator que influenciava o tamanho das gotas nos lavadores venturi, enquanto a relação líquido/gás (L/G) desempenhava um papel negligenciável. Verificou que o tamanho das gotas variava ao longo do depurador Venturi, principalmente ao longo do gargalo, e que a distribuição do tamanho mudava ligeiramente para um tamanho maior e aumentava à medida que as gotas avançavam ao longo do depurador Venturi.

Tabela 2.2: Equações empíricas para o tamanho médio das gotas de líquido

Investigators	Equations
Nukiyama & Tansawa [19]	$d_d = \dfrac{58,600}{u_G}\left(\dfrac{\sigma}{\rho_L}\right)^{0.5} + 597\left(\dfrac{u_L}{(\sigma\rho_L)^{0.5}}\right)^{0.45}\left(1000\dfrac{Q_L}{Q_G}\right)^{1.5}$
Mugele [22]	$\dfrac{d_d}{d_n} = A(N_{Re})^B\left(\dfrac{u_L u_r}{\sigma}\right)^C$ (A, B, C are constants)

2.4 Eficácia da eliminação do iodo

A eficiência da remoção de iodo num lavador venturi auto-ferrante foi estudada por Majid Ali et al [25] utilizando um lavador venturi não submerso e um lavador venturi submerso. O líquido introduzido no purificador apresentava-se sob a forma de uma película, tendo o iodo sido previamente aquecido, uma vez que os vapores de iodo apenas se misturam com o ar. A solução aquosa foi preparada adicionando 0,5% de hidróxido de sódio (NaOH) e 0,2% de tiossulfato de sódio (Na2S2O3) ao líquido. Os resultados mostraram que a eficiência de remoção de iodo de um depurador venturi aumentou com o aumento do caudal de gás e da concentração de entrada de iodo, e que um depurador venturi submerso tinha uma eficiência de remoção de iodo mais elevada do que um depurador venturi não submerso.

Num estudo posterior, Majid Ali e a sua equipa continuaram o seu trabalho experimental utilizando a água como principal elemento de purificação para os depuradores venturi [26]. A poeira foi removida com água, mas para o iodo, foram adicionados absorventes à água para remover o iodo do gás.

2.5 Relação L/G (relação entre líquido e gás)

Um parâmetro importante nos sistemas de depuradores húmidos é o caudal de líquido. Na terminologia dos depuradores húmidos, é comum exprimir o caudal de líquido em função do caudal de gás a tratar. Isto é normalmente referido como o rácio líquido/gás (rácio L/G). Ao expressar o caudal de líquido como um rácio, é fácil comparar sistemas de diferentes dimensões. No caso da separação de partículas, o rácio líquido/gás é uma função da conceção mecânica do sistema, enquanto que no caso da absorção de gás, este rácio dá uma indicação da dificuldade de separação dos poluentes.

Em regra, o líquido de depuração é injetado na garganta por meio de uma bomba, de modo a que a quantidade de líquido adicionado por metro cúbico de gás possa ser ajustada independentemente do fluxo de gás.

Gretzinger & Marshall [23]	$d_m = 0.26 \left[\dfrac{m_L}{m_G} N_{ReG} \right]^{0.4}$
Kim & Marshall [24]	$d_m = 0.512 \dfrac{\sigma^{0.41} u_L{}^{0.32}}{\left(u_G^2 \rho_G\right)^{0.57} A^{0.36} \rho_L{}^{0.16}} + 1.89 \left(\dfrac{u_L^2}{\rho_L \sigma}\right)^{0.17} \dfrac{\left(\dfrac{m_G}{m_L}\right)^n}{u_G^{0.54}}$ $n = -1$ for $\dfrac{m_G}{m_L} < 3$ $n = -0.5$ for $\dfrac{m_G}{m_L} > 3$

taxa. Ao contrário deste tipo de construção, o purificador venturi utilizado funciona por autoaspiração, ou seja, o líquido de lavagem é injetado pela diferença de pressão entre o interior e o exterior da cavidade do venturi devido à pressão hidrostática do líquido e à pressão estática do gás em fluxo. O depurador venturi é rodeado por líquido de lavagem que entra através das aberturas do venturi devido à diferença de pressão (ver Fig.2.1 (a & b))

Os factores acima referidos influenciam o desempenho da depuradora venturi. No presente trabalho, analisámos o purificador venturi auto-ferrante com base nestes factores.

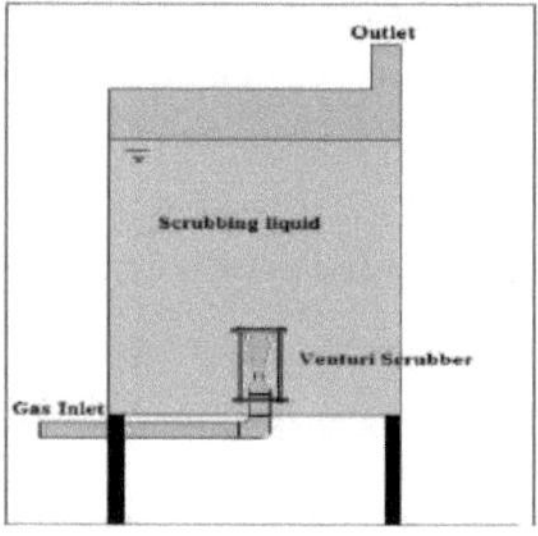

Fig. 2.1: (a) Venturi scrubber inside the scrubber tank   **(b)** Operating venturi scrubber

Amarnath D. Landge

3. INSTALAÇÃO DE ENSAIO

Este capítulo apresenta uma configuração experimental desenvolvida para experiências com um purificador venturi, a fim de analisar os parâmetros de queda de pressão, relação L/G, inchaço do tanque e eficiência de remoção de iodo.

3.1 Descrição de uma instalação experimental

A instalação experimental compreende um tanque borbulhante (tanque primário) no qual é colocado um depurador venturi. Os pormenores dos parâmetros de construção da geometria do depurador venturi são apresentados na Fig. 3.1. O depurador venturi tem uma secção transversal circular e é feito de um bloco de acrílico (Fig. 3.2).

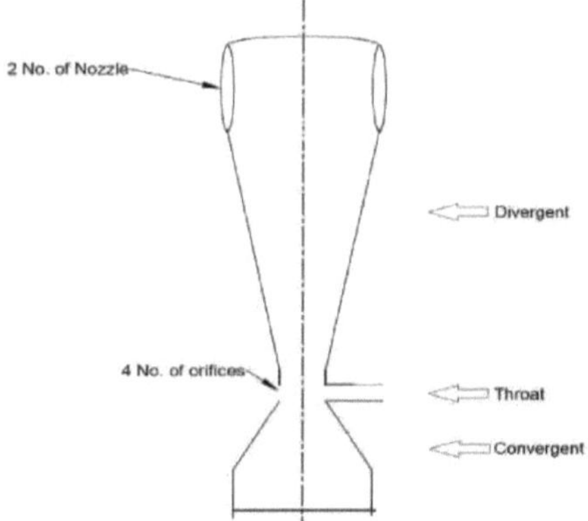

Fig. 3.1: Depurador Venturi

A zona periférica externa do tanque da mini piscina é constituída por quatro ranhuras alongadas, situadas em quatro pontos diferentes (1,0 m, 1,5 m, 2,0 m e 2,5 m, respetivamente), denominadas tubos de transbordo. Estes tubos de transbordo têm dois objectivos principais: manter o nível de água desejado no tanque e medir o transbordo de água. O reservatório está também equipado com os orifícios de recolha de amostras necessários para colher amostras de água, se necessário (ver Figura 3.3). Os pormenores destas torneiras são apresentados no quadro 3.1.

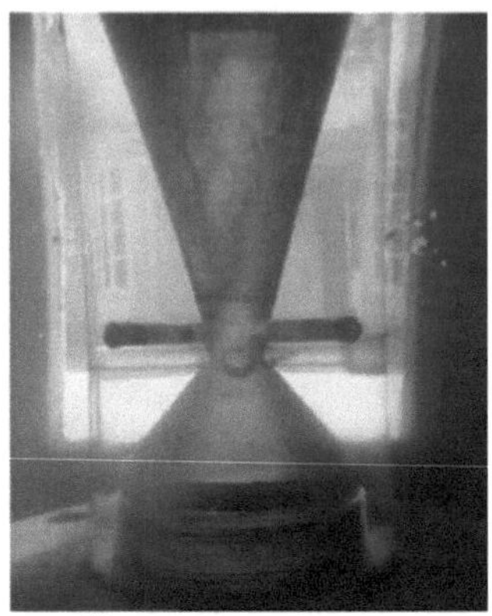

Fig. 3.2: Depurador venturi em acrílico

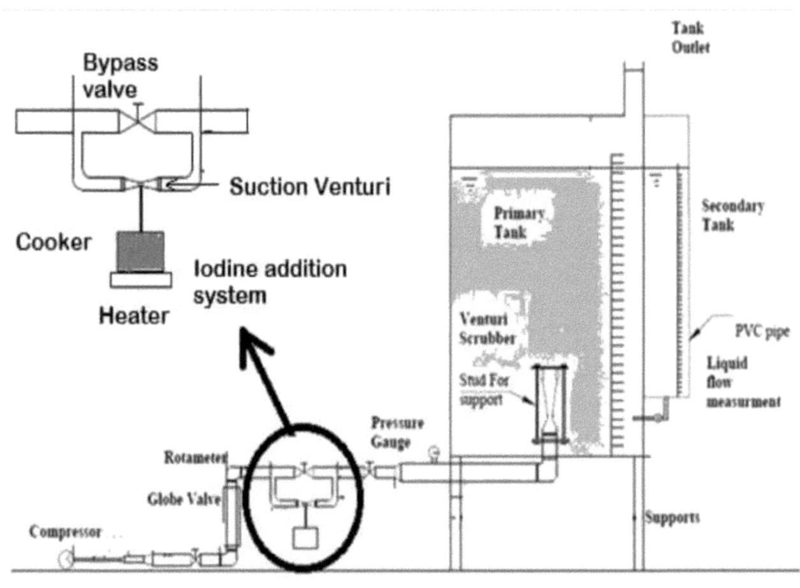

Fig.3.3: Instalação experimental

QUADRO 3.1: Pormenores dos dispositivos de adaptação na montagem experimental

Sr. Não.	Dispositivo	Funções	Posição na instalação experimental
1.	Regulador de pressão	Para definir a pressão do sistema necessária.	Junto ao compressor.

2.	Válvula de passagem direta	Para controlar o fluxo de ar.	Antes do rotâmetro.
3.	Rotâmetro	Para medir o caudal volúmico do ar.	Depois da válvula de passagem.
4.	Aspiração Venturi	Para extrair vapores de iodo.	Entre a linha de derivação.
5.	Panela de pressão	Para conservar os flocos de iodo.	Ligado ao venturi de aspiração por tubos de ligação.
6.	Manómetro	Para ler a pressão à entrada do depurador venturi.	Antes da depuradora venturi.
7.	Válvula de by-pass	Para desviar o fluxo de ar através dos venturis de aspiração.	Paralelo ao venturi de aspiração.
8.	Válvula de agulha	Para controlar a quantidade de iodo.	Na linha de junção.
9	Funil	Conector de tubo para aerossolímetro	Acima do depósito primário
10	Tela metálica	Para desfazer as bolhas de água	Por depurador venturi no tanque primário

Este dispositivo foi concebido para recriar uma situação semelhante à de um acidente grave numa central nuclear. Para o efeito, é produzido ar comprimido por um compressor de ar a uma pressão adequada. O ar comprimido a esta pressão é encaminhado para um regulador de ar comprimido através de um tubo ligado à entrada. Este regulador é então utilizado para manter a pressão necessária do sistema de arranque (a pressão de saída do regulador é mantida à pressão necessária). O caudal foi ajustado em conformidade para manter a pressão necessária. O caudal de ar no sistema principal é controlado pela válvula de gaveta e medido por um rotâmetro. Na central nuclear, o iodo radioativo é produzido a partir do núcleo fundido. Nesta instalação, é injetado iodo não radioativo para simular o iodo. Este assunto é tratado em pormenor no capítulo 4.

3.2 Instalação experimental Partes

a) Saída do compressor: a saída do compressor tem um terminal.

b) Regulador de pressão: para regular a pressão necessária do sistema.

c) Válvula de passagem direta: para regular o fluxo de ar.

d) Rotâmetro (ou rotâmetro): Para medir o caudal volumétrico do ar.

e) Venturi de aspiração: para aspirar os vapores de iodo.

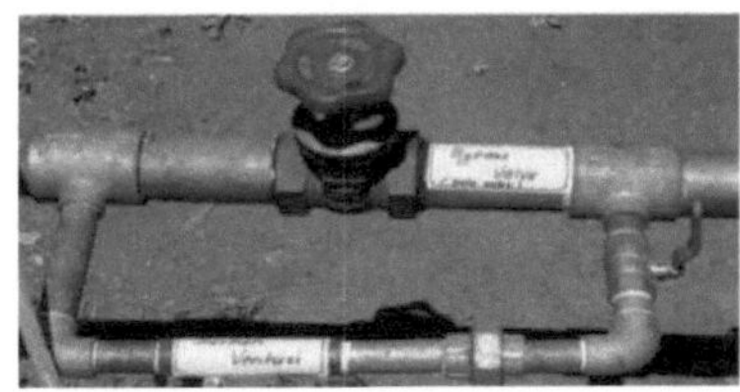

f) Panela de pressão: para conservar os flocos de iodo.

g) Manómetro : Para ler a pressão à entrada do depurador venturi.

h) Válvula de derivação: para desviar o fluxo de ar através do venturi de aspiração.

i) Válvula anti-retorno: para evitar que a água volte a sair do depósito da máquina de lavar roupa.

j) Tanque de lavagem de roupa (tanque primário) : Contém líquido de lavagem

k) Reservatório secundário: para fornecer a água necessária à medição da entrada de água.

l) Malha de arame: para quebrar as bolhas de água

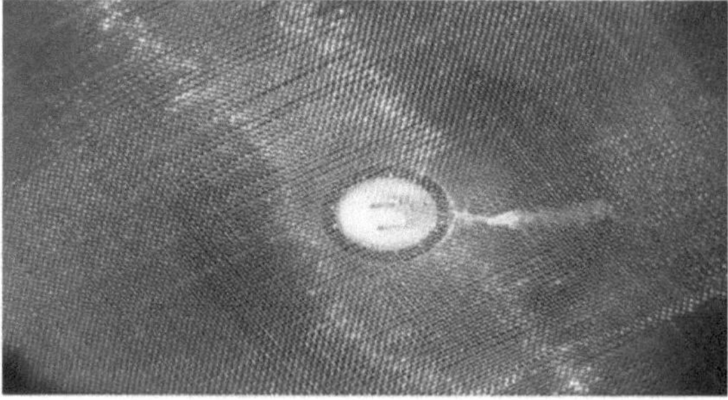

3.3 Esquema da instalação experimental

A instalação experimental está dividida em duas configurações diferentes para que possam ser efectuados dois estudos experimentais distintos.

3.3.1 Configuração I (estudo hidráulico)

A figura 3.4 mostra uma vista de planta da configuração I da instalação experimental, em que a placa de ligação é colocada no interior do tanque, a 700 mm do fundo do tanque primário. Forma duas partes separadas do reservatório primário; a saída do depurador Venturi está ligada à parte superior do reservatório. O tanque secundário também é ligado à parte inferior do tanque primário por acessórios apropriados.

Determinação dos seguintes parâmetros a partir da configuração I :

Parte -1: 1. rácio L/G

2. queda de pressão através do depurador Venturi

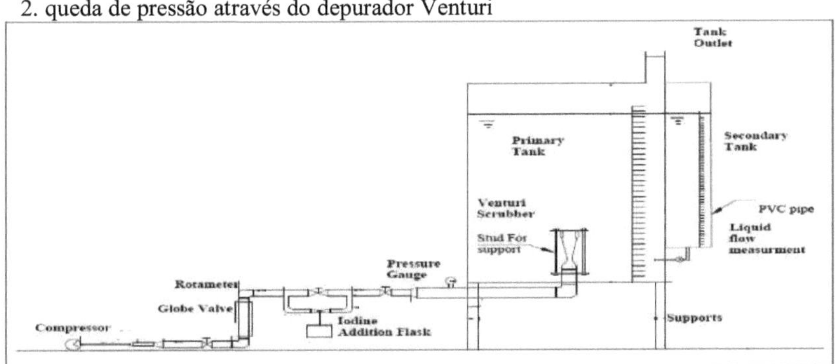

Fig. 3.4: Instalação experimental do protótipo (configuração I)

3.2.2 Configuração II (estudo das trocas materiais)

A figura 3.5 mostra uma vista de planta da configuração 2 da instalação experimental, na qual a placa de ligação e o depósito secundário foram removidos.

Determinação dos seguintes parâmetros da configuração II :

Parte II

1. Eficácia da eliminação do iodo
2. Queda de pressão através do depurador Venturi
3. Estudo sobre o inchaço nas piscinas

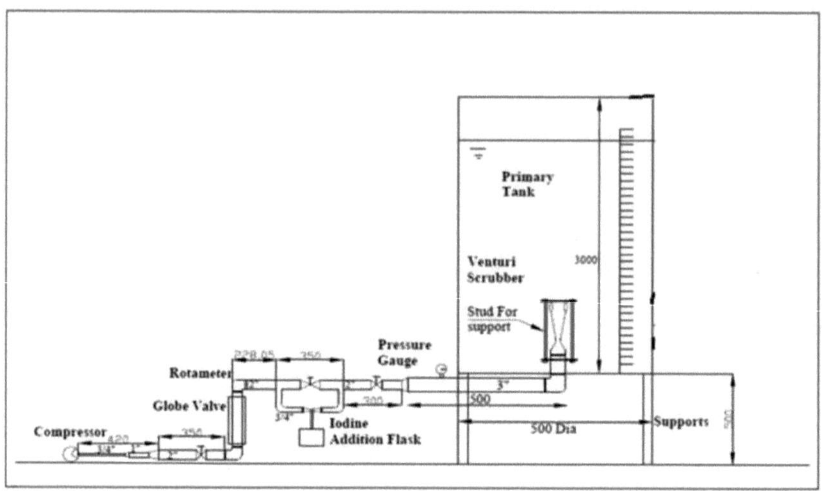

Fig. 3.5: Instalação experimental do protótipo (configuração II)

4. EXPERIÊNCIA SOBRE A EFICÁCIA DA ELIMINAÇÃO DO IODO

Neste capítulo, a experiência para estudar a eficiência da remoção de iodo num purificador venturi é discutida em pormenor. Na configuração experimental, o purificador venturi funciona em modo de auto-aspiração para remover o iodo elementar do ar, utilizando água como líquido de lavagem. Este capítulo descreve também o método de titulação iodométrica utilizado para medir a eficiência da remoção de iodo do ar no purificador venturi.

4.1. Contexto

O iodo é um dos principais produtos de cisão libertados durante um acidente com um reator nuclear. A principal razão para este facto é que uma proporção significativa de iodo pode ser encontrada na forma volátil. ^{131}O isótopo I tem uma semi-vida de 8 dias, que é suficientemente curta para ter uma atividade específica elevada e suficientemente longa para continuar a existir muito tempo depois do acidente. A atividade biológica do iodo aumenta o risco para a saúde, uma vez que se acumula na tiroide humana [32]. Por conseguinte, este estudo centra-se na eliminação dos vapores de iodo na corrente de ar. O iodo apresenta-se sob diferentes formas: é geralmente aceite que o iodo libertado pelo combustível se encontra sob a forma de CsI, que se dissolve na água como iodeto. No entanto, em condições ácidas, todo o iodo presente na água é oxidado em iodo elementar (I_2). Embora a solubilidade do iodo elementar na água seja muito baixa, é tida em conta no trabalho experimental.

O processo de absorção de gás é a transferência de um poluente gasoso de uma fase gasosa para uma fase líquida. Este processo é utilizado em depuradores húmidos, como o depurador Venturi, para remover poluentes gasosos de um fluxo de gás. A absorção de gás é um fenómeno de transferência de massa em que, devido a diferenças de concentração entre as duas fases, há uma transferência de massa de poluentes gasosos da fase gasosa para a fase líquida (Cheremisinoff, 1977).

4.2. Comportamento do iodo no confinamento nas condições de um acidente grave

O comportamento do iodo, que é um dos principais produtos de cisão emitidos, exige uma abordagem especial. Parte-se do princípio de que o iodo é principalmente emitido para o interior do confinamento sob a forma de aerossóis não voláteis que, de acordo com a física dos aerossóis, deveriam eventualmente ser encontrados na água estagnada do pântano no fundo do confinamento [10]. No entanto, as experiências demonstraram que os raios gama ionizantes (emitidos pelos produtos de cisão) transformam uma parte do iodo I em I_2, iodo molecular. Este processo de transformação do iodo I em I2 é conhecido como radiólise do iodeto. O iodo molecular está fortemente envolvido nas reacções de desproporção, mas também, em menor grau, na transferência para a atmosfera, devido à distribuição entre o iodo dissolvido na água e o iodo presente na atmosfera. Além disso, o iodo I2 pode depositar-se na atmosfera em paredes de aço ou de betão, pintadas ou não [12]. Finalmente, há uma série de outras reacções químicas (aprisionamento da prata (Ag) proveniente da degradação das barras de controlo de Ag-In-Cd, formação de iodo orgânico, etc.) que podem alterar os padrões de equilíbrio, modificando assim a potencial libertação de iodo através de uma fuga na contenção.

Quando o vapor de iodo está em equilíbrio com o ar, os núcleos e as superfícies sólidas durante algumas horas, a proporção de iodo no ar constituída por vapor de iodo elementar é baixa e a taxa de degradação é lenta. Os isótopos radioactivos de iodo são formados em reactores nucleares através da cisão do urânio ou da irradiação do telúrio. [4]Estes dois métodos produzem iodo radioativo com actividades específicas elevadas, até 10 curies por g de iodo estável. A utilização de iodo radioativo permite estudar o comportamento do iodo no ar a concentrações em massa muito baixas, o que é necessário para poder recomendar dispositivos adequados para a remoção do iodo radioativo do ar [23].

4.3. Mecanismo de eliminação de partículas de iodo do ar

Tal como descrito na secção 1.3.3, a eficiência de separação do depurador Venturi melhora com a quantidade de líquido adicionado por volume de gás e com o aumento da velocidade da garganta. O depurador Venturi concebido para as experiências funciona em modo de auto-sucção, ou seja, quando o fluxo de ar passa a alta velocidade através da garganta do depurador Venturi, a água líquida é aspirada. A água líquida entra no purificador venturi devido à diferença de pressão entre o interior e o exterior da garganta do venturi, ou seja, devido à diferença entre a pressão estática do ar e a cabeça hidrostática da água líquida na unidade de purificação. Sob o efeito do impacto do ar a alta velocidade, a água líquida decompõe-se em gotículas minúsculas. Estas gotículas movem-se com o fluxo de ar e interagem com as partículas de iodo que contêm. Durante esta interação, as gotículas absorvem as partículas de iodo do fluxo de ar e coalescem para formar gotículas maiores que saem dos bocais de saída do venturi (como mostra a figura 4.1.) e se misturam com a água da mini piscina. Desta forma, o iodo absorvido nas gotículas é capturado na água e o ar purificado (lavado) sai pela chaminé de exaustão.

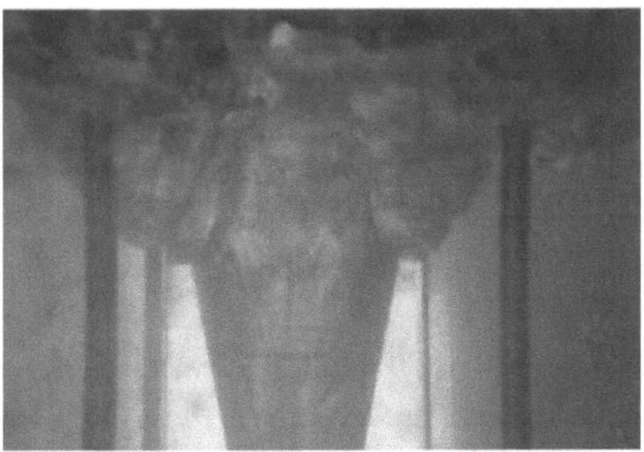

Fig. 4.1: Gotas que saem dos bocais de saída

4.4. Aparelho e método experimental

O diagrama de fluxo do aparelho experimental é apresentado na figura 4.2. A ponta da seta que aponta para a área em caixa na figura 4.2 ilustra as disposições tomadas no aparelho experimental para misturar o vapor de iodo com a corrente de ar. Há duas questões importantes para esta experiência: como é que o iodo elementar é misturado com a corrente de ar e como é que o iodo é determinado quantitativamente na água após a mistura? As soluções para estes dois problemas diferentes foram discutidas em pormenor nesta secção.

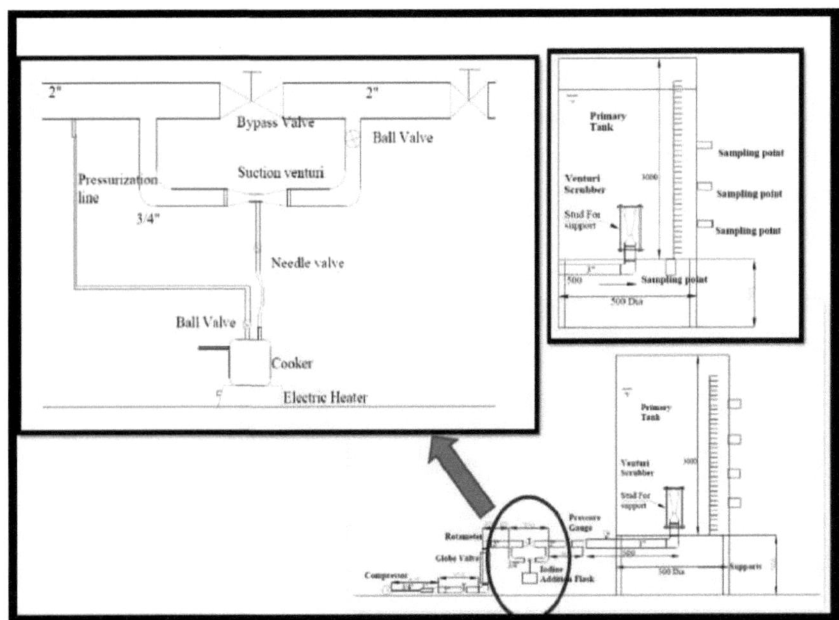

Fig. 4.2: Fluxograma da montagem experimental

4.4.1. Mistura de iodo elementar no fluxo de ar

Em condições normais, o iodo elementar apresenta-se normalmente sob a forma de um sólido negro-azulado que não pode ser misturado diretamente com a corrente de ar; é para este efeito que se utiliza o processo de sublimação. A sublimação é um processo em que o iodo sólido se transforma diretamente em gás, sem primeiro derreter, e produz vapores rosa-púrpura nocivos (como se mostra na figura 4.3). A sublimação do iodo é conseguida a uma temperatura adequada (ver apêndice), que pode ser suficientemente elevada para danificar o equipamento, razão pela qual são tomadas precauções adequadas relativamente a esta temperatura durante a experiência, controlando o efeito de aquecimento. Mas, mesmo assim, é necessária uma quantidade de calor adequada para a transformação de fase. É por isso que estes dois pontos foram tidos em conta durante a experiência.

Fig. 4.3: Iodo elementar na fase gasosa

Do que precede resulta claramente que é necessário um dispositivo de aquecimento para produzir os vapores de iodo. A panela de pressão com aquecedor apresentada na figura 4.4 é utilizada para efetuar esta operação. Coloca-se uma quantidade conhecida de flocos de iodo na panela de pressão e aquece-se até que sublimem e se transformem em vapor, como descrito acima.

Fig. 4.4: Panela de pressão com aquecedor

Para atingir o objetivo da mistura, é agora necessário aspirar estes vapores para a corrente de ar. Os vapores são aspirados através da abertura de aspiração no tubo principal. A mistura perfeita depende de um método de aquecimento e de aspiração adequado. Um venturi de aspiração é, portanto, concebido para permitir e apoiar a aspiração destes vapores.

A válvula de derivação, colocada paralelamente ao venturi de aspiração, desvia o fluxo de ar através do venturi de aspiração (ver fig. 4.5).

Fig. 4.5: Válvula de derivação paralela ao venturi de aspiração

A panela de pressão está equipada com duas linhas de extensão diferentes, uma linha de pressão e uma linha de aspiração. A linha de pressão fornece a pressão necessária para aspirar os vapores, enquanto a linha de sucção está ligada diretamente ao venturi de sucção. Estas linhas são transparentes para que o estado do processo de aspiração possa ser monitorizado em linha. Assim que é criada a diferença de pressão necessária, os vapores são aspirados. Uma válvula de agulha na linha de sucção é utilizada para controlar a quantidade de vapor de iodo, se necessário.

Toda a atividade (descrita acima) é realizada durante 20 minutos em cada ciclo para garantir que todo o iodo sublimado seja transferido para a corrente de ar. O resíduo observado no digestor após 20 minutos de atividade é mostrado na Figura 4.6 abaixo:

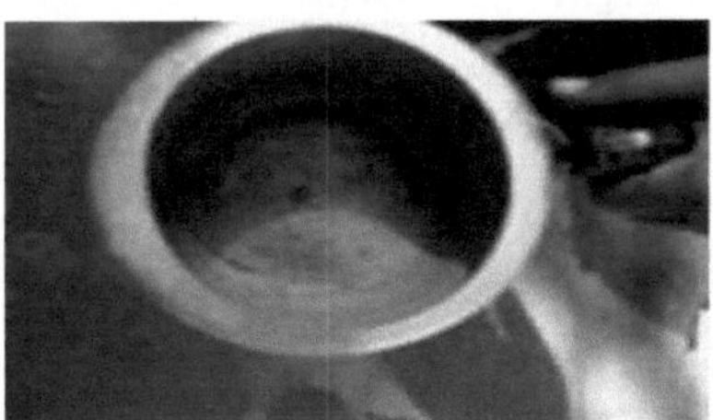

Fig. 4.6: Restos de comida na panela (após 20 minutos)

4.4.2. Estimativa quantitativa do iodo na água

A corrente de ar que contém o vapor de iodo continua a circular a alta velocidade através do sistema e entra depois no purificador venturi localizado no interior do tanque primário cheio de água até uma certa altura. No depurador venturi, o ar é purificado com água, tal como descrito na secção 4.3. Durante o processo de lavagem, os vapores de iodo do ar acumulam-se na água do tanque. Estes vapores de iodo misturam-se então com toda a água do tanque. Depois de os vapores se terem misturado com a água, a cor da água muda gradualmente e permanece inalterada após algum tempo, o que indica que os vapores de iodo foram transferidos para a água. A determinação quantitativa do iodo na água é, por conseguinte, a etapa mais importante do projeto experimental.

O objetivo deste estudo foi examinar os efeitos do pH na eficiência da remoção de iodo. Por este motivo, a experiência foi efectuada em dois casos diferentes: No primeiro caso, foi utilizada água neutra (isto é, pH = 7,0); no segundo caso, foi utilizada água com um pH de 9. São utilizados cerca de 10 a 12 g de KOH para aumentar o pH da água. A figura 4.7 (a & b) mostra a cor da água obtida no tanque após a introdução do vapor de iodo. A diferença de cor entre a água com um pH de 7 e a água com um pH de 9 é muito significativa. Na água neutra, observa-se uma coloração amarela escura e avermelhada, enquanto que na água com um pH de 9, a cor desaparece devido à adição de KOH alcalino.

Fig. 4.7 (a) Adição de vapor à água a pH = 7,0 **(b)** Adição de vapor à água a pH = 9

Uma vez concluído o ciclo, são recolhidas duas amostras de água diferentes em garrafas de amostragem através do orifício de amostragem no fundo do reservatório primário (ver figura 4.2). Estas são mostradas na figura 4.8 abaixo:

Figura 4.8: Diferentes amostras de água recolhidas

O teste do amido detecta a presença de iodo em ambas as amostras. Teste do amido (sem solução de KI): Quando se adiciona a solução de amido às amostras, obtém-se uma solução de cor azul (ver figura 4.9). Ensaio do amido (com a solução de KI): quando a solução de amido é adicionada às amostras com a solução de KI, obtém-se uma solução de cor preta (ver figura 4.9). A última etapa que falta para concluir a discussão é a estimativa da quantidade de iodo nestas duas amostras de água diferentes, que é explicada na metodologia.

Fig. 4.9: Teste de amido para amostras de água

4.4.3. Metodologia

A metodologia baseia-se no princípio da titulação iodométrica, mas antes de discutir a titulação iodométrica, é necessária uma introdução ao conceito de titulação. As subsecções seguintes apresentam em pormenor todas as informações úteis sobre a titulação.

4.4.3.1. Conceito de titulação

a) Titulação

A titulação é a adição lenta de uma solução de concentração conhecida (denominada titulante) a um volume conhecido de outra solução de concentração desconhecida, até que a reação seja neutralizada, frequentemente indicada por uma mudança de cor. A solução titulante deve satisfazer as condições necessárias para ser considerada um padrão primário ou secundário. No seu sentido mais lato, a titulação é uma técnica para determinar a concentração de uma solução desconhecida [32-33].

b) <u>Elementos de titulação</u>
   1. A *solução padrão* é a solução de concentração conhecida. Uma quantidade medida com exatidão da solução padrão é adicionada à solução de concentração desconhecida durante a titulação até se atingir o ponto de equivalência ou o ponto final. O ponto de equivalência é atingido quando a reação dos reagentes está completa [32].
   2. A solução cuja concentração é desconhecida é também designada por *analito*. Durante a titulação, o titulante é adicionado ao analito de modo a atingir o ponto de equivalência e determinar a concentração do analito [32].
   3. O ponto de *equivalência é* o ponto ideal para completar a titulação. Para obter resultados exactos, o ponto de equivalência deve ser atingido com precisão e exatidão. A solução de concentração conhecida (titulante) deve ser adicionada muito lentamente à solução de concentração desconhecida (analito) para obter um bom resultado. No ponto de equivalência, deve ser adicionada a quantidade correcta de solução padrão para que esta reaja completamente com a concentração desconhecida [33].
   4. O *ponto final* de uma titulação indica quando o ponto de equivalência foi atingido. É indicado por um tipo de indicador que varia consoante o tipo de titulação. Por exemplo, se for utilizado um indicador colorido, a solução muda de cor quando o ponto final da titulação é atingido. Por exemplo, se for utilizado um indicador colorido

Fig.4.10: Deteção do ponto final

Para evitar confusões, ponto final e ponto de equivalência não são necessariamente

sinónimos, mas representam a mesma ideia. Um ponto final é indicado por algum tipo de indicador no final de uma titulação. Um ponto de equivalência ocorre quando os moles de uma solução padrão (titulante) são iguais aos moles de uma solução de concentração desconhecida (analito).

Indicadores

A utilização de um indicador é fundamental para o sucesso de uma reação de titulação. O objetivo do indicador é mostrar quando foi adicionada uma solução padrão suficiente para reagir completamente com a concentração desconhecida. No entanto, um indicador só deve ser adicionado se necessário e depende da solução a ser titulada. Por conseguinte, os indicadores só devem ser adicionados à solução de concentração desconhecida se não ocorrer qualquer reação visível. Dependendo da solução a ser titulada, a escolha do indicador pode tornar-se a chave para o sucesso da titulação.

c) <u>Como preparar uma titulação</u>

Materiais

- Frasco cónico ou copo
- Quantidade excessiva de solução padrão (titulante)
- Quantidade medida com exatidão da substância a analisar utilizada para preparar a solução de concentração desconhecida.
- Indicador
- Bureta calibrada
- Porta-revistas

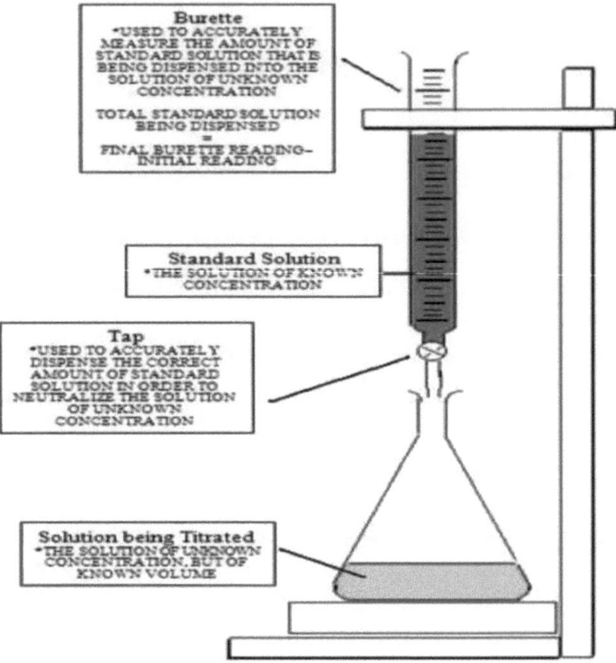

Fig. 4.11: Estrutura para titulação [37].

Procedimento

1. Antes de iniciar a experiência, arranja todo o equipamento necessário e limpa todos os objectos com água destilada.

2. Medir uma quantidade exacta da substância a analisar formada pela solução de concentração desconhecida.

3. Transferir quantitativamente a substância a analisar para um copo ou um Erlenmeyer. Não esquecer de lavar todo o analito sólido no copo ou no Erlenmeyer com água destilada.

4. Adicionar mais água destilada até que a substância a analisar esteja completamente dissolvida. Medir e registar o volume da solução aquosa. O processo de titulação é utilizado para determinar a concentração desta solução.

5. Deitar no copo quatro ou cinco gotas do indicador da cor correspondente.

6. Agitar o copo para misturar a solução aquosa da substância a analisar e as gotas de indicador.

7. Encher a bureta com uma quantidade excessiva de titulante. O titulante é

a solução padrão de concentração conhecida e deve estar na forma aquosa.

8. Apertar suavemente a bureta num suporte de bureta. A extremidade da bureta não deve tocar em nenhuma superfície.

9. Colocar o copo ou o Erlenmeyer que contém a solução aquosa de concentração desconhecida debaixo da bureta.

10. Anotar o volume inicial da bureta. Certifique-se de que mede até ao fundo do menisco.

11. Abrir a torneira da bureta para que a solução padrão seja vertida no copo. Isto deve provocar uma mudança de cor. Agitar o copo ou o Erlenmeyer até que a cor desapareça.

12. Repita o passo anterior até que a cor deixe de desaparecer. Isto significa que atingiu o ponto final.

13. Parar quando tiver atingido o ponto final. Este é o ponto em que o reagente foi completamente neutralizado na solução de concentração desconhecida. Pode reconhecer o ponto final pela mudança de cor.

14. Medir e registar o volume final da bureta. Calcular o volume de solução padrão utilizado subtraindo o volume inicial medido do volume final medido da bureta.

15. Efetuar agora os cálculos necessários para obter a concentração da solução desconhecida [39].

- Tipos de titulação

Os seguintes tipos de titulação são classificados de acordo com as reacções químicas.

Reacções de titulação ácido-base

A titulação de reacções ácido-base envolve o processo de neutralização para determinar uma concentração desconhecida. As titulações ácido-base podem ser constituídas por ácidos/bases fortes e fracos. No entanto, para determinar a concentração desconhecida de um ácido ou de uma base, é necessário adicionar o oposto para obter a neutralização. É por isso que um ácido de concentração desconhecida é titulado com uma solução padrão básica e uma base de concentração desconhecida é titulada com uma solução padrão ácida. Eis alguns exemplos de titulações ácido-base:

i) Titulação de um ácido forte com uma base forte

ii) Titulação de um ácido fraco com uma base forte

iii) Titulação de uma base fraca com um ácido forte

Nas titulações ácido-base, é frequentemente utilizado algum tipo de indicador, dependendo da força do ácido ou da base a titular [39-40]. Nalguns casos, utiliza-se um ácido ou uma base fraca, ou um medidor de pH para indicar o pH da solução a titular. Assim que o pH da solução a titular for igual a 7, o que é indicado por uma mudança de cor ou num medidor de pH, verifica-se que a titulação está concluída.

Titulações redox (oxidação-redução)

Outro tipo de titulação é a titulação redox ou redox, que é utilizada para determinar o agente oxidante ou redutor numa solução. Na titulação redox, o agente redutor ou oxidante é utilizado como titulante em relação ao outro agente. O objetivo desta titulação é determinar, como numa reação redox, a transferência de electrões de uma substância para a outra, de modo a determinar o agente redutor ou oxidante. O ponto final de uma titulação deste tipo pode ser determinado por um indicador de mudança de cor ou por um potenciómetro [40-41].

Reacções combinadas Titulações [36]

As titulações de reação combinada incluem dois tipos diferentes de titulação:

1. Num tipo de titulação de reação combinada, os *elementos são* titulados uns contra os outros *com iões opostos*. Como resultado, um ião actua como titulante enquanto o outro, ião oposto, actua como analito. No entanto, as reacções combinadas podem envolver mais do que dois elementos que não são necessariamente iónicos. Neste tipo de reação, forma-se por vezes um precipitado que indica o ponto final. Se não for esse o caso, pode ser necessário adicionar um indicador à solução a titular.

2. *Titulações de complexação:* Neste tipo de titulação, pode ou não formar-se um precipitado. É por isso que estes tipos de titulação requerem um poderoso agente complexante, o ácido etilenodiaminotetracético (EDTA) ou compostos relacionados. Para este tipo de reação, o EDTA é utilizado como titulante porque se combina com muitos tipos de catiões para formar um complexo único [41]. O EDTA é mais frequentemente utilizado para determinar iões metálicos em solução. No entanto, o EDTA não deve ser confundido com o indicador para este tipo de reação, uma vez que os

indicadores são normalmente corantes orgânicos. De facto, o EDTA actua apenas como inibidor, uma vez que se liga fortemente aos catiões metálicos, provocando a deslocação do indicador. Isto causa a mudança de cor que indica o ponto final da titulação.

Titulações inversas [41]

A titulação inversa só deve ser efectuada se necessário. O objetivo da titulação inversa é regressar ao ponto final depois de o ter ultrapassado. É frequentemente utilizada quando a solução a titular é demasiado fraca ou demasiado lenta para provocar uma reação. É também utilizada quando se adicionou demasiado titulante e a solução se tornou demasiado escura. Isto significa que a experiência tem de ser repetida. A titulação de retorno é efectuada através da adição de um volume excessivo de outro reagente de concentração conhecida.

A titulação inversa é particularmente útil quando o ponto final de uma titulação normal é demasiado difícil de identificar.

d) Curvas de titulação

Os diagramas da curva de titulação mostram a relação entre o pH da solução de concentração desconhecida e o da solução padrão adicionada para neutralização. A tabela seguinte compara a variação da curva de titulação em função da titulação ácido-base [36- 41].

TABELA 4.4: TIPOS DE CURVAS DE TITULAÇÃO

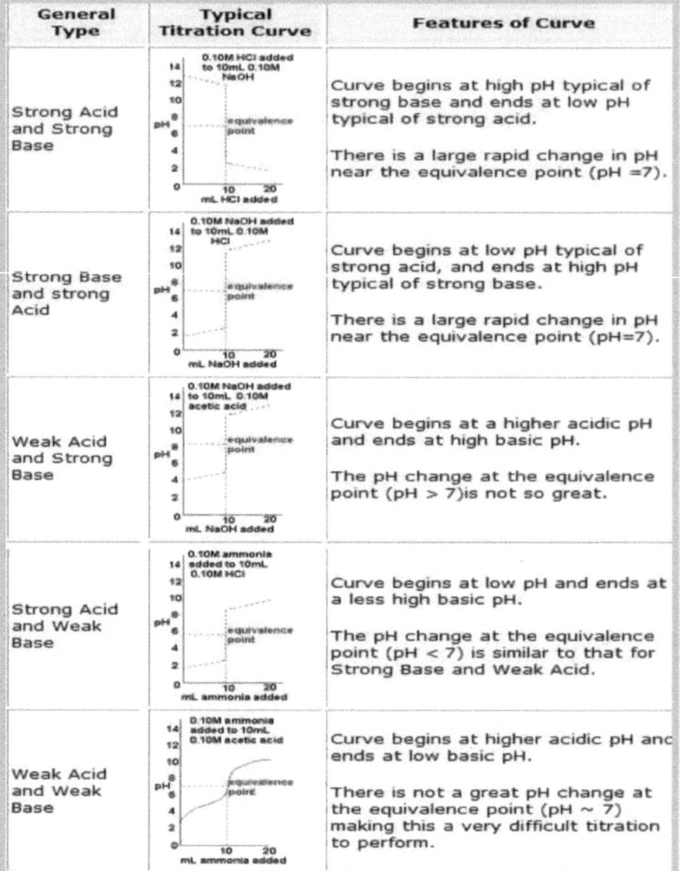

General Type	Typical Titration Curve	Features of Curve
Strong Acid and Strong Base		Curve begins at high pH typical of strong base and ends at low pH typical of strong acid. There is a large rapid change in pH near the equivalence point (pH =7).
Strong Base and strong Acid		Curve begins at low pH typical of strong acid, and ends at high pH typical of strong base. There is a large rapid change in pH near the equivalence point (pH=7).
Weak Acid and Strong Base		Curve begins at a higher acidic pH and ends at high basic pH. The pH change at the equivalence point (pH > 7)is not so great.
Strong Acid and Weak Base		Curve begins at low pH and ends at a less high basic pH. The pH change at the equivalence point (pH < 7) is similar to that for Strong Base and Weak Acid.
Weak Acid and Weak Base		Curve begins at higher acidic pH and ends at low basic pH. There is not a great pH change at the equivalence point (pH ~ 7) making this a very difficult titration to perform.

e) <u>Efeitos sobre o pH</u>

O pH da solução final de titulação varia de acordo com a concentração da solução padrão. Idealmente, se a titulação tiver sido efectuada com exatidão e precisão, a solução de titulação final deve ser neutralizada e ter um pH de 7,0. No entanto, nem sempre é esse o caso [34-38]. O pH da solução final varia frequentemente em função da concentração da solução desconhecida e da solução padrão

$$M_{acid}V_{acid} = M_{base}V_{base}$$

$$MOLARITY = \frac{MOLES}{LITER} = \frac{mol}{L}$$

solução que é adicionada. Por conseguinte, a melhor forma de definir os efeitos da titulação no pH é estabelecer uma tendência geral que possa ser lida a partir dos pontos equivalentes de uma curva de titulação.

f) Dissolução de reacções de titulação

$$M1V1 = M2V2$$

Idealmente, quando se realizam reacções de titulação, a molaridade multiplicada pelo volume da solução um deve ser igual à molaridade multiplicada pelo volume da solução dois. Vamos assumir que a solução um é a solução padrão, o titulante, e a solução dois é a solução de concentração desconhecida, o analito. O volume da solução titulante pode ser determinado subtraindo a última leitura da bureta da primeira [34].

Um exemplo de uma equação para a titulação ácido-base :

Se for efectuada corretamente, a solução final deve estar neutralizada após a titulação e conter o mesmo número de moles de iões hidróxido e de iões hidrogénio [33]. Os moles de ácido devem, portanto, ser iguais aos moles de base:

Base on the titration curve given what can be estimated as the pH at the equivalence point?

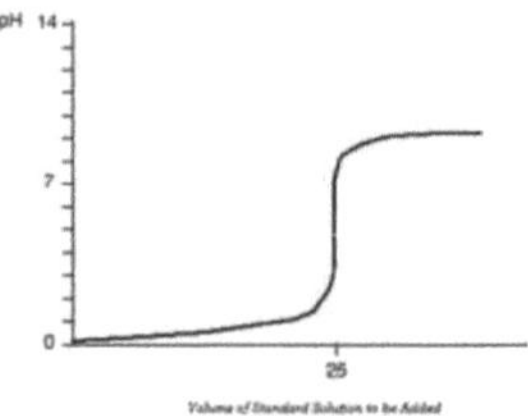

The pH of the equivalence point on the graph is where the slope is completely vertical.
Therefore, by simply looking at the graph it can be inferred that the
pH is approximately equal to 5.

Does 34ml of 4.0M LiOH neutralize 15ml of 3.0M HCL?

$$M_{LiOH}V_{LiOH} = M_{HCl}V_{HCL}$$

$$(34 \times 10^{-3}L)(4.0M) = (15 \times 10^{-3}L)(3.0M)$$

$$.136mol \neq .045\ mol$$

$$n_{LiOH} \neq n_{HCL}$$

Because the moles of LiOH do not equal the moles of HCL it can be concluded that the resulting solution is not neutralized.

How many ml of 5.0M stock solution of HNO_3 will need to be added in order to make 500ml of 1.0M solution?

$$M_{Stock}V_{Stock} = M_{Sol}V_{sol}$$

$$V_{Stock} = \frac{M_{Sol}V_{Sol}}{M_{Stock}}$$

$$V_{Stock} = \frac{(1.0M)(500mL)}{5.0L}$$

$$\boxed{V_{Stock} = 100ml}$$

4.4.3.2. Titulação iodométrica [32- 41]

a) Introdução e princípio

Trata-se de um tipo particular de titulação redox baseado no princípio das reacções redox, ou seja, a titulação iodométrica envolve a redução do iodo livre a iões iodeto e a oxidação dos iões iodeto a iodo livre. Na titulação iodométrica, um oxidante num meio neutro ou ácido reage com um excesso de IA para libertar iodo livre.

KI + oxidante ---------- > I2

O iodo livre é titulado contra um agente redutor padrão, geralmente tiossulfato de sódio. Este método pode ser utilizado para determinar halogéneos, oxi-halogéneos, iões de cobre, peróxidos, etc.

I2+Na2S2O3---> 2NaI +Na 2S2O4

2CuSO4 + 4KI ---> Cu2I2 + 2K2SO4+I2

K2Cr2O7 + 6KI + 7H2SO4 ---> Cr2 (SO4)3 + 4K2 SO4 + 7H2O +3I2

Amarnath D. Landge

A titulação iodométrica (oxidação do iodeto) é um processo em duas fases - a primeira fase envolve a oxidação do iodeto e a segunda fase envolve a titulação do iodo.

Na primeira etapa, os oxidantes, tais como KMnO4, K2Cr2O7, CuSO4, peróxidos, etc., são tratados com um excesso de KI, que liberta iodo rapidamente e em grandes quantidades. Por exemplo

4-2+2MnO +16 H+ +10 I>   2Mn + 5I2 + 8H2O

2-+3+Cr2O7 +14 H +6I> 2Cr +3I2 +7H2O

2+2Cu + 4I -----> Cu2I2+ I2

Em segundo lugar :

O iodo libertado é titulado com uma solução-padrão de tiossulfato de sódio, utilizando o amido como indicador. Todas estas titulações, em que o iodo é libertado do iodeto de potássio por meio de um agente oxidante e titulado com uma solução-padrão de tiossulfato de sódio, são designadas titulações iodométricas.

b) <u>O amido acabado de preparar é utilizado como indicador</u>

O amido é o indicador de eleição para titulações redox com iodo, uma vez que o amido forma um complexo azul intenso com o iodo. O amido NÃO é um indicador redox; reage especificamente à presença de I_2 e não a uma alteração do potencial redox. Perto do ponto final, a concentração de I2 é muito baixa, pelo que a cor é pálida e muito fraca e o amido forma um ponto final claro. Para expressar isto quantitativamente, podemos ver a cor de ~5 micromoles de I_3 numa solução incolor. O amido faz recuar o limite de deteção por um fator de cerca de 10!

O amido é facilmente biodegradável, pelo que deve ser preparado fresco. Pode também conter um conservante, como o HgI_2 (~1 mg/100 ml) ou o timol. Um dos produtos da hidrólise do amido é um agente redutor: a glucose. Consequentemente, uma solução de amido parcialmente hidrolisado utilizada numa titulação redox pode ser uma fonte de erro.

Uma solução de amido é corada de azul ou violeta pelo iodo livre, porque na presença de amido, o iodo forma cadeias I6 no filamento de amilose e a cor torna-se azul escura. A fração ativa do amido é a amilose, um polímero do açúcar alfa-D-glucose cujas unidades de repetição estão representadas na figura 4.12.

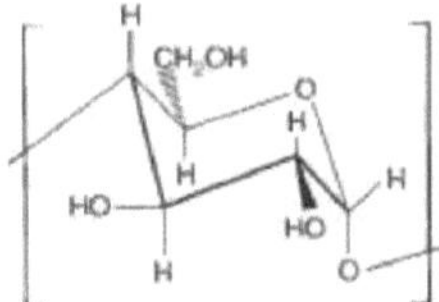

Fig. 4.12: Estrutura da amilose

c) <u>Deteção de pontos finais</u>

Na iodometria (em que o I2 libertado, mais precisamente o I3 , está presente durante toda a reação até ao ponto de equivalência), o amido só deve ser adicionado imediatamente antes do ponto de equivalência (que pode ser identificado visualmente pela diminuição da concentração de I3). Se for adicionado mais cedo, parte do iodo permanece ligado às partículas de amido, mesmo depois de o ponto de equivalência ter sido atingido, o que resulta num erro indesejável. Por conseguinte, o amido deve ser adicionado imediatamente antes do ponto final e, no ponto final, a cor azul ou violeta desaparece quando o iodo é completamente convertido em iodeto.

d) <u>Dissolução de reacções de titulação</u>

Para este tipo de titulação, não podemos utilizar a equação: $N_1V_1 = N_2V_2$ para calcular a quantidade da grandeza desconhecida. Esta equação só se aplica às titulações ácido-base, como vimos na secção 4.4.3. Para este tipo de titulação, utilizamos, portanto, a relação de equivalência simples entre o agente redutor e o agente oxidante. Por exemplo: Se 1000 ml de solução de tiossulfato de sódio 1N correspondem a 126,90 g de I2, a quantos g de I2 correspondem os x ml de solução de tiossulfato de sódio y N? Podemos determiná-lo utilizando os valores conhecidos de x e y da titulação iodométrica.

e) <u>Soluções de normalização</u>

As soluções puras podem ser obtidas com bastante facilidade, mas é bastante difícil obter amostras com um teor de água conhecido para a cristalização, uma vez que a composição exacta do teor nominal depende muito da temperatura e da humidade. Por conseguinte, é necessário normalizar a solução por meios adequados. O processo de normalização é apresentado no Anexo I.

4.4.3.3. *Estimativa de amostras de água*

a) Amostra com um pH de 7,0

<u>Procedimento</u>

- Preparar soluções de tiossulfato de sódio ($Na_2S_2O_3$) 0,001N.
- $_{223}$Lavar a bureta e encher até à marca zero com a solução de Na S O .
- Pipetar 10 ml de amostra de água para um frasco de iodo limpo.
- Adicionar algumas gotas de solução de amido recentemente preparada (como indicador) à amostra e observar a coloração azul.
- Titular com soluções de Na2S2O3 0,001 N da bureta até à mudança de cor.
- Anotar o valor da bureta (B.R.). Repetir a titulação até que o B.R. seja constante.
- Calcular a quantidade de iodo na amostra.

<u>Mesa de observação</u>

TABELA 4.5: TITULAÇÃO DA AMOSTRA 7.0 PH

Ler a bureta	1 (ml)	2 (ml)	3 (ml)	4 (ml)	5 (ml)	6 (ml)	B.R. médio
Última leitura	3.2	3.1	3.2	3.3	3.1	3.2	
Primeira leitura	0.0	0.0	0.0	0.0	0.0	0.0	**4,18 ml**
Diferença	3.2	3.1	3.2	3.3	3.1	3.2	

<u>Cálculos</u>

Uma vez que 1000 ml de Na2S2O3 1N = 126,90 g de I2,

$_{223}$3,18 ml de 0,001 N Na S O = 2*126,90*0,001/1000*1= 0,000403542 gm de I_2

1 .e. 10 ml da amostra de água contêm 0,000403542 g de I_2

50, 325 litros de água contêm 13,115115 g de I_2

b) Amostra com pH 9

<u>Procedimento</u>

* $_3$Preparar a solução de nitrato de prata 0,005 N (AgNO).
* $_3$Lavar a bureta e encher até à marca zero com a solução de AgNO .
* Pipetar 10 ml de amostra de água para um frasco de iodo limpo e verificar primeiro o pH.
* O pH será superior a 7; para obter um pH de 7 (ou seja, neutro), adiciona-se ácido nítrico 0,1 N (HNO3) à amostra para obter um pH de 7.
* Adicionar à solução algumas gotas de cromato de potássio (K2CrO4 como indicador).
* Titular com a solução 0,005 N de nitrato de prata (AgNO3) na bureta. Forma-se um primeiro precipitado branco de AgI.
* Mais tarde, no final da titulação, forma-se um precipitado avermelhado de cromato de prata (Ag2CrO4).
* Anotar o valor da bureta (B.R.). Repetir o processo até obter um valor constante de B.R.
* Efetuar os passos (i) a (ix) para a amostra de água da torneira e determinar o valor medido para esta amostra.
* Subtrair o valor de medição da amostra de água da torneira do valor de

medição inicial da amostra de água. A diferença entre estes dois valores de medição é o valor de medição final.

- Anotar o valor final e calcular a quantidade de iodo na amostra.

Quadro de observação :

(A) Valores medidos da amostra inicial de água

TABELA 4.6: TITULAÇÃO DA AMOSTRA A 9,0 PH

Ler a bureta	1 (ml)	2 (ml)	3 (ml)	B.R. médio
Última leitura	2.4	2.3	2.5	
Primeira leitura	0.0	0.0	0.0	**2,4 ml**
Diferença	2.4	2.3	2.5	

(B) Valores medidos da amostra de água da torneira

TABELA 4.7: TITULAÇÃO DA AMOSTRA DE ÁGUA DA TORNEIRA

Ler a bureta	1 (ml)	2 (ml)	3 (ml)	B.R. médio
Última leitura	1.1	1.0	1.0	
Primeira leitura	0.0	0.0	0.0	**1,0 ml**
Diferença	1.1	1.0	1.0	

Valor final da medição = valor da medição (A) - valor da medição (B) = 2,4-1,0 = **1,4 ml**

<u>Cálculos</u>

Como 1000 ml de AgNO3 1N representam 126,90 gm de I2 Daher,

1,4 ml 0,005 N AgNO3 = 1,4*126,90*0,005/1000*1= 0,0008883 gm I_2

ou seja, 10 ml da amostra de água contém 0,0008883 g de I_2

150 litros de água contêm, portanto, 13,3245 g de I2

Fig.4.13: Produtos químicos utilizados na experiência de titulação

Fig.4.14: Equipamento utilizado para a montagem da titulação

4.4.4. Ensaio de solubilidade do iodo elementar num composto orgânico (etanol)

O iodo elementar é muito solúvel em compostos orgânicos como o etanol; este facto foi verificado durante a experiência. O resultado do teste de solubilidade é apresentado de seguida:

(I2 + etanol + água) Mistura

Before addition of KOH	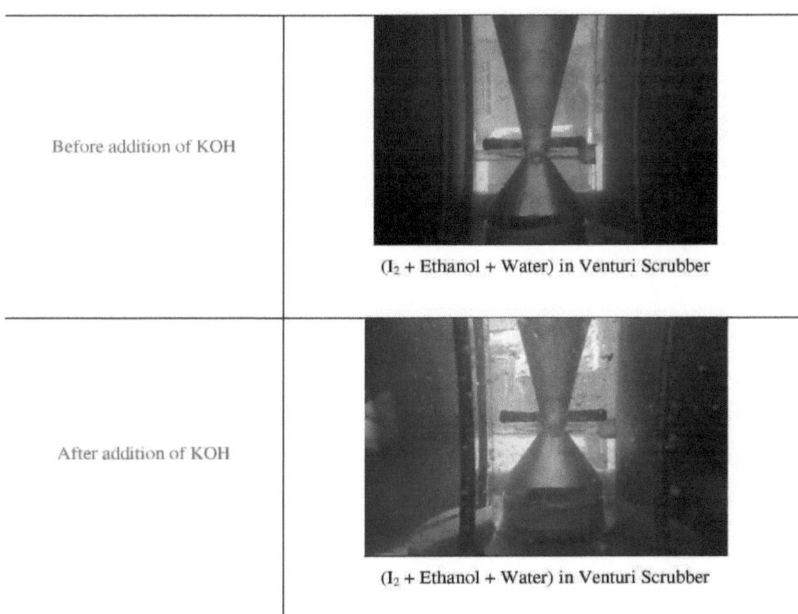
	(I$_2$ + Ethanol + Water) in Venturi Scrubber
After addition of KOH	
	(I$_2$ + Ethanol + Water) in Venturi Scrubber

5. ESTUDOS TEÓRICOS DA PERDA DE CARGA

Como vimos no Capítulo 2, a perda de carga é um dos parâmetros mais importantes para determinar o desempenho de um depurador Venturi. Por conseguinte, uma previsão exacta da perda de carga ao longo de um determinado depurador Venturi é inestimável para a sua otimização. Este capítulo aborda a análise da perda de carga através do depurador Venturi e das várias válvulas envolvidas na instalação.

5.1. Queda de pressão através do depurador Venturi

Em geral, a perda de carga no lavador venturi é composta por duas partes: uma parte seca ou perda por fricção e uma parte húmida [11]. A parte seca corresponde às perdas que ocorrem na ausência de líquido. As perdas de pressão húmidas estão relacionadas com a formação e aceleração de gotículas. Podem ser identificados cinco componentes distintos para descrever as perdas de carga através do purificador venturi:

    i) Perda de pressão devido à fricção do gás

    ii) Queda da pressão de aceleração do gás

    iii) Queda da pressão de aceleração da gota

    iv) Diminuição da pressão de aceleração da película de líquido que flui sobre as paredes

    v) Queda de pressão estática devida à diferença de altura entre a entrada e a saída do linho.

5.2. Modelos considerados para o estudo da perda de carga

Para o estudo teórico da perda de carga no depurador venturi, foram seleccionados três modelos diferentes, que se revelaram adequados com base em estimativas. Estes são : O modelo de Boll (1973), o modelo de Volgin (1968) e o modelo de Hesketh (1974).

Cada um destes modelos baseia-se em pressupostos diferentes, como se explica no Capítulo 3. O modelo de Boll envolve três mecanismos responsáveis pela queda de pressão, nomeadamente a aceleração do gás, a aceleração das gotículas e o atrito. Boll assumiu a atomização completa do líquido. Hesketh assumiu que a energia total gasta para acelerar as gotas correspondia à velocidade do gás no gargalo. Os modelos de Hesketh e Volgin para a perda de carga são correlações experimentais que não funcionam com pressupostos idealizados, mas garantem uma medição exacta da perda de carga, tendo em conta os factos experimentais mais próximos dos pequenos depuradores venturi. Por conseguinte, as correlações são modeladas em função do tamanho para quantificar a perda de carga necessária. No entanto, para esta análise, os factores geométricos necessários foram incorporados nestes modelos, para que as variações correctas possam ser tidas em conta.

5.3. Principais parâmetros necessários para a análise do modelo

De acordo com modelos matemáticos, existem dois parâmetros principais dos quais depende a perda de pressão de um depurador venturi. O primeiro é a velocidade do gás que passa através da constrição e o outro é a relação líquido/gás (relação L/G). $_{th}$A perda de pressão da depuradora venturi está diretamente correlacionada com estes dois parâmetros na forma AP a (L/G) V 2. Esta é a forma geral de todos os modelos de perda de pressão da depuradora venturi [31].

Os dois parâmetros acima são necessários para prever a queda de pressão através do purificador venturi. A velocidade do gás que passa através da garganta depende do seu caudal mássico. Os diferentes caudais mássicos do ar utilizado no sistema são: 0,03 kg/s, 0,04 kg/s e 0,05 kg/s. Com base na equação da continuidade, a velocidade do gás na garganta varia, portanto, entre 81,83 e 136 m/s. A mesma gama é mantida aquando da realização dos cálculos teóricos.

O arrastamento de líquido é a quantidade de líquido arrastado na garganta durante um determinado período de tempo. Depende inteiramente do caudal mássico de ar e da altura do nível da água acima da abertura da garganta, que desenvolve a cabeça de pressão hidrostática na garganta. O caudal de líquido diminui com caudais mássicos de ar mais elevados no venturi, razão pela qual os caudais mássicos de ar baixos são favoráveis à obtenção de cargas líquidas elevadas.

O rácio líquido/gás do depurador venturi é determinado pela experiência de arrastamento de líquido e os valores experimentais medidos são utilizados para estudar a queda de pressão teórica utilizando modelos.

5.4. Estimativa do tamanho das gotículas no lavador venturi

O tamanho das gotículas é um dos parâmetros fundamentais do desempenho do purificador, tanto em termos de queda de pressão como de eficiência de separação. As gotículas produzidas pela atomização de um líquido actuam como elementos de limpeza nos depuradores venturi. A dimensão das gotículas é calculada utilizando a equação de Nukiyama-Tansawa (Quadro 2.2), como mostra o gráfico da Figura 5.1 abaixo:

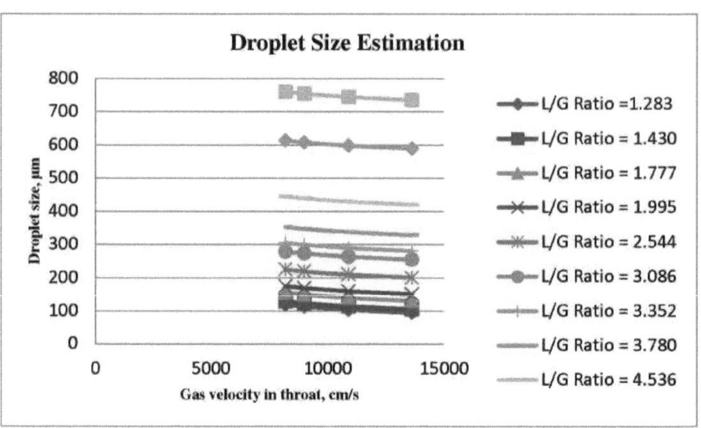

Fig. 5.1: Variação do tamanho das gotas em função da velocidade do gás na garganta e da relação L/G

5.5. Cálculo da queda de pressão nas ligações de tubos e válvulas

5.5.1. Antecedentes e teoria

A passagem de um líquido através de um encaixe de tubagem resulta frequentemente numa perda líquida de energia, normalmente associada a uma queda de pressão *(Harvey Wilson)*. A queda de pressão ou perda de pressão é causada pelo atrito entre o líquido e a parede da válvula, a separação do fluxo e a turbulência resultante, as zonas de fluxo secundário e a distribuição desigual do fluxo a jusante da válvula. A perda de pressão da válvula é frequentemente quantificada por um coeficiente adimensional, o valor K, multiplicado pela velocidade do caudal. A equação 5.1 mostra a perda de pressão da válvula, que é considerada uma perda pequena.

Este método baseia-se na observação de que as perdas principais são também proporcionais à altura manométrica. No método Le/D, o fator de multiplicação na equação 5.2 (i.e. /L/D) é simplesmente aumentado por um comprimento de tubo reto (i.e. Le), o que daria o seguinte ultam numa queda de pressão equivalente às perdas nas válvulas, daí o termo "comprimento equivalente". O fator de multiplicação é, portanto, f (L+Le)/D.

Na fase inicial de um projeto, quando a disposição exacta da tubagem ainda não foi determinada, o comprimento equivalente pode ser estimado de forma aproximada, por exemplo, utilizando o seguinte princípio: "Adicionar 15% ao comprimento reto para permitir as válvulas". No entanto, quando o projeto estiver concluído e estiver disponível uma dedução detalhada das válvulas, é possível calcular as baixas perdas com maior precisão utilizando comprimentos equivalentes determinados experimentalmente para cada uma das válvulas.

Verificou-se experimentalmente que se obtém uma relação quase constante (ou seja, Le/D) dividindo os comprimentos equivalentes para uma gama de tamanhos de um determinado tipo de acessório (por exemplo, um cotovelo de 90° de raio longo) pelo diâmetro do acessório. Isto torna muito mais fácil a elaboração de uma tabela de comprimentos equivalentes, uma vez que um único valor de dados é suficiente para cobrir todos os tamanhos deste acessório. A Tabela 5.1 abaixo mostra alguns dados típicos para alguns acessórios frequentemente utilizados:

QUADRO 5.1: COMPRIMENTOS EQUIVALENTES (L_{eq}/D) PARA GUIAS DE TUBO

Tipo de ligação	Le/D
Válvula de fecho, totalmente aberta	13
Válvula de esfera de furo completo	3
Válvula de esfera, furo reduzido	25
Válvula de passagem direta, totalmente aberta	340
Ângulo de 90° com raio curto	30
Ângulo de 90° de raio longo	20
Contra-ângulo de 45	16
Curva de 45° com raio longo	10
T standard, fluxo direto	20
T standard, ramal contínuo	60

O método do comprimento equivalente pode ser integrado na equação de Darcy-Weisbach e expresso na forma matemática do seguinte modo

D é dado em polegadas.

Comparação dos métodos do comprimento equivalente (Le/D) e do coeficiente de resistência (K)

Como mencionado anteriormente, ambos os métodos utilizam um multiplicador com o termo de cabeça para prever a queda de pressão através da válvula. Não existe, portanto, uma diferença real entre os dois métodos e, desde que sejam utilizados dados de caraterização exactos para a válvula, ambos os métodos podem dar resultados igualmente exactos.

Note-se que a expressão l(l.e/D) é também multiplicada pelo fator de atrito / de Moody, uma vez que é tratada como se fosse um comprimento adicional do mesmo tubo. O fator (Le/D) é baseado na queda de pressão total através do encaixe e, portanto, inclui qualquer queda de pressão devido ao comprimento do percurso do fluxo. O erro é pequeno e geralmente está dentro da tolerância dos dados, pelo que tentar medir todos os comprimentos do percurso do fluxo não só é tecnicamente incorreto, como também é uma completa perda de tempo.

b) <u>Método do coeficiente de resistência (K) (por vezes designado por "coeficiente de perda")</u>

Este método pode ser integrado na equação de Darcy-Weisbach de forma semelhante ao método do comprimento equivalente descrito anteriormente. Neste caso, é utilizado um número adimensional (K) para caraterizar a ligação sem o relacionar com as propriedades do tubo. O resultado é

$$C_v = 29.9\, D^2/\sqrt{K} \qquad \text{....... (5.4)}$$

$$h_L = f\left(\frac{L}{D} + \Sigma\frac{L_e}{D}\right)\left(\frac{v^2}{2g}\right) \qquad \text{....... (5.2)}$$

$$h_L = f\left(\frac{L}{D} + \Sigma K\right)\left(\frac{v^2}{2g}\right) \qquad \text{....... (5.3)}$$

Note-se que, neste caso, a soma dos coeficientes de resistência (SK) não é multiplicada pelo fator de atrito Moody.

c) <u>O método do coeficiente da válvula (cv)</u>

Como o seu nome sugere, este método é utilizado principalmente em cálculos para válvulas, mas pode ser facilmente convertido entre o cv e o coeficiente de resistência (K), tornando possível definir um cv para cada válvula. As conversões entre o coeficiente de resistência (K) e o coeficiente de caudal (cv) da válvula são apresentadas abaixo:

$$\frac{K}{f} = \frac{Le}{D} \qquad \ldots\ldots\ldots (5.6)$$

Comparando as equações (5.2) e (5.3), vemos que as constantes dos dois métodos estão diretamente relacionadas:

$$K = f\% \overset{Le}{} \qquad \ldots\ldots\ldots (5.5)$$

Por conseguinte, em cada caso específico em que todos os pormenores do fluido e da tubagem são conhecidos, é possível obter uma conversão exacta entre as constantes dos dois métodos. No entanto, quando os engenheiros falam em comparar os dois métodos, estão realmente a falar sobre como um valor K ou um valor Le/D determinado num conjunto de circunstâncias pode ser utilizado noutro conjunto de circunstâncias. Estas condições alteradas estão relacionadas principalmente com o material da tubagem, o tamanho do acessório, o comportamento do fluxo (ou seja, o número de Reynolds) e a rugosidade do próprio acessório.

As perdas causadas pelo atrito da tubagem são conhecidas como perdas de carga por atrito ou perdas principais e podem ser calculadas utilizando a equação de Darcy-Weisbach (equação 5.7), que se aplica tanto a escoamentos laminares como turbulentos.

$$h = {}^\wedge = K\text{-} \underset{2gD2g}{} \qquad \ldots\ldots\ldots (5.7)$$

Ao longo dos anos, foram feitos excelentes progressos no desenvolvimento de métodos para determinar a perda de carga quando os líquidos passam por tubos rectos. Métodos precisos de dimensionamento de tubagens são essenciais para alcançar um ótimo económico, equilibrando os custos de capital e de operação. A indústria concordou com o método de Darcy-Weisbach, que é notavelmente simples dada a vasta gama de aplicações que abrange.

$$\frac{1}{\sqrt{f}} = -2.0 \log\left(\frac{\varepsilon/D}{3.7} + \frac{2.51}{\mathrm{Re}\,\sqrt{f}}\right) \qquad \ldots\ldots\ldots (5.8)$$

Determinação do fator de atrito

O fator de atrito (f) depende do número de Reynolds (Re) e da rugosidade relativa (ε/D) e pode ser obtido a partir da tabela de Moody (ver Apêndice II).

Em vez do diagrama de Moody, também é possível utilizar a equação de Colebrook (equação 5.8) para calcular o fator de atrito, mas isto requer uma abordagem iterativa.

O valor da rugosidade pode ser determinado de acordo com o tipo de material e a sua natureza, como mostra a Tabela 5.2 abaixo:

TABELA 5.2: RUGOSIDADE DO MATERIAL

Material do tubo	Rugosidade, ϵ (mm)
Tubo de PVC	0.0015
Aço comercial	0.045
Ferro forjado	0.045
Betão	0.3-3
Ferro galvanizado	0.15-25

5.5.2. Metodologia e cálculos

No nosso caso, a configuração experimental consiste em várias peças de tubagem, válvulas e cotovelos. Estes já são apresentados no diagrama do Capítulo 3. Na tabela seguinte, apenas são mencionados os componentes considerados para a presente análise.

TABELA 5.3: LISTA DE LIGAÇÕES DE TUBOS NO DISPOSITIVO DE ENSAIO

Reg. n.º.	Tubos e acessórios	Especificação	Quantidade
1.	Expansor 1	1.5" x 2"	1
2.	Apito 1	2" de diâmetro e 6" de comprimento	4
3.	Válvula de passagem direta	50 mm	1
4.	^{0}90 Cotovelo de raio curto	2"	2
5.	Apito 2	2" de diâmetro e 1' de comprimento	2
6.	Peça em T de série (coletor de passagem)	2" x %"	2
7.	Válvula de paragem	50 mm	1
8.	Expansor 2	2" x 2.5"	1
9.	Apito 3	Ø 2,5". 2' de comprimento	1

[22]No nosso caso, a pressão do ar à saída do regulador de ar comprimido é de 0,75 kg/cm e à entrada do depurador Venturi, o manómetro indica uma pressão de ar de 0,2 kg/cm . Isto significa que esta pressão diminui até certo ponto através de todas as peças e acessórios durante o processo. Determina-se a perda de carga total entre o ponto à saída do regulador e o ponto à entrada do depurador Venturi, com exceção da perda do venturi de aspiração, que não é tão grande. Esta perda de pressão é dividida em perdas por fricção na tubagem e perdas menores em válvulas, cotovelos, etc.

A magnitude da queda de pressão (e, consequentemente, a queda de pressão) à medida que o ar passa por diferentes ligações de tubos e válvulas é calculada para compreender o efeito da perda em cada componente. O método do comprimento equivalente (descrito na secção acima) é utilizado para determinar pequenas perdas, enquanto a equação de Darcy-Weisbach é utilizada para cálculos de grandes perdas.

A análise assume que o ar é incompressível (ou seja, número de Mach inferior a 0,2, para o qual os efeitos de compressibilidade são pequenos). A equação prática generalizada de Bernoulli (equação 5.9) para os caudais de líquidos incompressíveis foi utilizada sempre que foi considerada adequada.

Parâmetros de entrada utilizados para a análise

Caudal volúmico de ar (Q)	150 m3/hora
Tubo interior Rugosidade da superfície (e)	25 mm
Viscosidade do ar (p)	$^{-6}$18,20 x 10 kg/ms
Densidade do ar (p)	1 293 kg/m^3

Cálculos

1. Determinação da velocidade do ar

   Da equação da continuidade: A1V1 = A2V2 = AV = Q

   V1 = 37,77 m/s, v2 = 21,24 m/s e V3 = 13,59 m/s

2. Número de Reynolds e fator de atrito

   Número de Reynolds, $Re = {}^{\wedge}{}_{p}$

   Rei =100   ,62 x 103,Corrente de turbulência   , (e/D)i
=0   ,67,   Fator de atrito (fi) =0,4641

   Re2 =75   ,45 x 103,Escoamento turbulento   , (e/D)2
=0   ,50,   Fator de fricção ɸ) =0,3384

Re3 =60   ,34 x 103, corrente de turbulência   , (e/D)3
=0   ,40,   fator de atrito (ẞ) =0   ,2740

3. Determinação da perda de carga pelo método do comprimento equivalente

a) Expansor 1 :

4. Determinar a quantidade de queda de pressão nos vários componentes

O quadro 5.4 resume os resultados dos cálculos das perdas de carga para os vários componentes da instalação experimental.

$$h_{m1} = \frac{v_1^2}{2g} - \frac{v_2^2}{2g} = 49.72 \text{ m}$$

b) Pipe 1:

$$h_{f1} = \frac{f_2 l v_2^2}{2gD} X\ 4 = 93.37 \text{ m}$$

c) Globe valve :

$$h_{m2} = f_2 \left(\frac{L_{eq}}{D}\right) \frac{v_2^2}{2g} = 2645.66 \text{ m}$$

d) 90^0. SR elbow :

$$h_{m3} = f_2 \left(\frac{L_{eq}}{D}\right) \frac{v_2^2}{2g} X\ 2 = 466.87 \text{ m}$$

e) Pipe 2 :

$$h_{f2} = \frac{f_2 l v_2^2}{2gD} X\ 2 = 93.37 \text{ m}$$

f) Standard Tee (Through branch) :

$$h_{m4} = f_2 \left(\frac{L_{eq}}{D}\right) \frac{v_2^2}{2g} X\ 2 = 933.73 \text{ m}$$

g) Gate valve :

$$h_{m5} = f_2 \left(\frac{L_{eq}}{D}\right) \frac{v_2^2}{2g} = 99.65 \text{ m}$$

h) Expander 2 :

$$h_{m6} = \frac{v_2^2}{2g} - \frac{v_3^2}{2g} = 13.97 \text{ m}$$

i) Pipe 3 :

$$h_{f3} = \frac{f_3 l v_3^2}{2gD} = 24.76 \text{ m}$$

TABELA 5.4: QUEDA DE PRESSÃO NAS LIGAÇÕES DE TUBAGENS E VÁLVULAS

Sr. Não.	Componentes	Perda de carga, h (m ar)	Altura da perda de carga, AP = pgh (kg/cm$)^2$
1.	Expansor 1	49.72	0.006
2.	Apito 1	93.37	0.012
3.	Válvula de passagem direta	2645.66	0.336
4.	^{0}Cotovelo de 90 SR	466.87	0.059
5.	Apito 2	93.37	0.012
6.	T padrão (encaixe de furo passante)	933.37	0.118
7.	Válvula de paragem	99.65	0.013
8.	Expansor 2	13.97	0.002
9.	Apito 3	24.76	0.003
	Total	4420.74	0.561

[222]A partir do cálculo acima, pode ver-se que, depois de descarregar o regulador a uma pressão de (0,75 kg/cm), é indicada uma queda de pressão total de 0,561 kg/cm (incluindo todas as perdas que ocorrem nos vários componentes de ligação da tubagem sob a forma de perdas por fricção, bem como perdas menores) entre os pontos considerados e, finalmente, à entrada do depurador venturi, uma pressão de (0,75-0,561 = 0,189 ~ 0,2 kg/cm) durante a experiência.

6. RESULTADOS E DISCUSSÃO

Este capítulo apresenta os resultados do estudo experimental e teórico dos parâmetros utilizados para medir o desempenho do lavador venturi auto-ferrante, nomeadamente a eficiência de separação do iodo e a perda de carga. As variáveis que influenciam os parâmetros em causa são também discutidas neste capítulo.

6.1. Eficiência de remoção de iodo de um lavador Venturi auto-ferrante

O trabalho de investigação sobre a eficiência da remoção de iodo num lavador Venturi de auto-sucção é realizado experimentalmente. Para o efeito, a eficiência da remoção de iodo é estudada para dois valores diferentes de pH da água. O líquido (água) contendo a concentração alcalina KOH é introduzido no purificador Venturi utilizando o método de auto-aspiração. Neste método, o caudal do líquido depende da diferença de pressão entre a pressão hidrostática sobre o líquido (água) no tanque e a pressão estática sobre o gás (ar) no gargalo de um purificador venturi (Lehner, 1998). A eficiência de remoção de iodo dos depuradores venturi depende de muitos factores, como o tamanho das gotículas, a velocidade do gás de entrada, os caudais e a concentração de KOH alcalino na solução de depuração (água). A eficiência da separação pode ser aumentada prolongando o tempo de contacto entre as fases gasosa e líquida e aumentando a turbulência no depurador venturi. No entanto, o presente estudo centra-se na análise dos efeitos do pH da solução de depuração na eficiência da separação.

O atual purificador venturi é capaz de remover 43 a 66% das partículas de iodo do ar. Isto pode dever-se a uma série de incertezas potenciais, como a solubilidade limitada do iodo na água, a exatidão dos métodos utilizados para as medições e a mistura incompleta de vapores devido à deposição superficial de partículas de iodo nos tubos. Estes factores podem ser tidos em conta, permitindo corrigir as discrepâncias observadas. O quadro 6.1 apresenta os resultados do estudo experimental da eficiência da separação do iodo em lavadores Venturi auto-ferrantes. Os resultados são analisados para dois volumes diferentes de água no tanque e dois valores diferentes de pH da água. A eficiência máxima de remoção de iodo é obtida a um pH de 9. Embora o volume de água no tanque não seja o mesmo nos dois casos, pode ser visto experimentalmente que a eficiência de remoção de iodo é altamente dependente do valor de pH do líquido de lavagem.

Isto significa que uma maior concentração de KOH alcalino na água conduz a uma maior eficiência de eliminação. Isto deve-se ao facto de uma concentração mais elevada de KOH alcalino na água aumentar o pH da água; com um pH mais elevado, a solubilidade do iodo na água melhora em certa medida, o que, em última análise, conduz a uma maior eficiência de eliminação.

QUADRO 6.1 Eficiência de remoção de iodo do purificador venturi auto-ferrante

Reg. n.º.	Valor do pH da água r dentro do tanque	Quantidade de iodo no digestor antes do início da experiência (gm)	A quantidade de iodo em Cozinhar no final da experiência	A quantidade de iodo encontrada em 10 ml de amostra de água por titulação iodométrica (gm)	Volume total de água no depósito (litros)	Iodo total na água do tanque (gm)	Eficácia da eliminação do iodo y (%)
1	7.0	20	Zero	0.0002538	325	8.2485	41.24
2	8.0	20	Zero	0.0002918	325	9.4857	47.42
3	9.0	20	Zero	0.0003299	325	10.7030	53.61
2	10.0	10	Zero	0.0004415	150	6.6623	66.62

6.2. Queda de pressão através do depurador Venturi

*Há dois parâmetros principais, nomeadamente a velocidade do gás na constrição e a relação L/G, que influenciam a queda de pressão através do depurador venturi. Os resultados são analisados e representados nas figuras seguintes (Figs. 6.1 a 6.11).

Fig. 6.1: Variação da perda de carga em função da velocidade do gás na garganta a L/G = 1,283
Fig. 6.2: Variação da queda de pressão com a velocidade do gás na garganta a L/G = 1,430

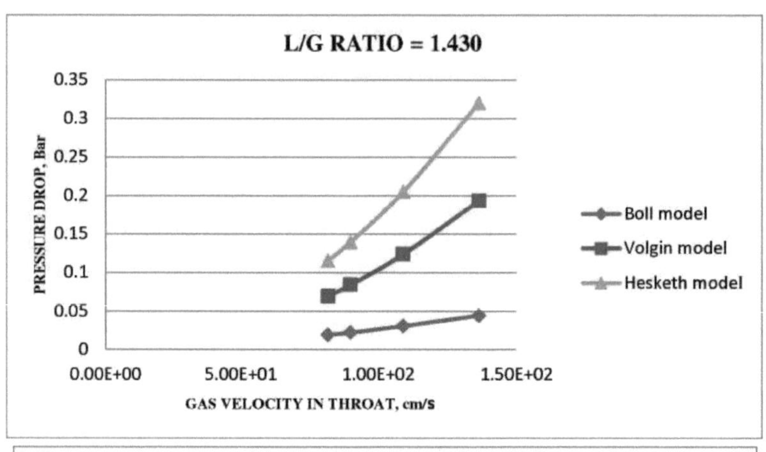

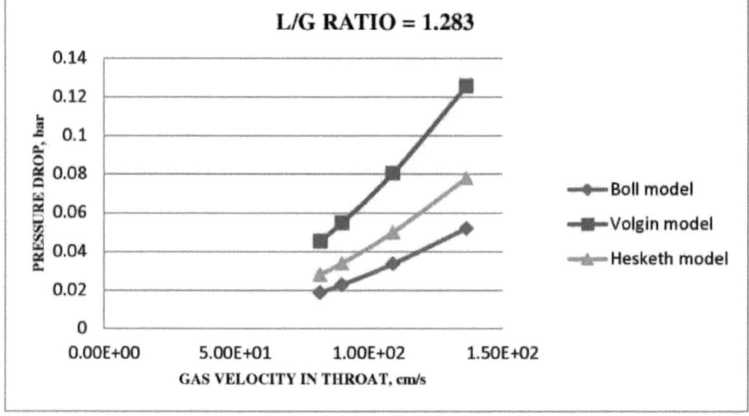

Fig.6.3: Variação da perda de carga com a velocidade do gás na garganta a L/G = 1,763
Fig. 6.4: Variação da queda de pressão com a velocidade do gás na garganta a L/G = 1,995

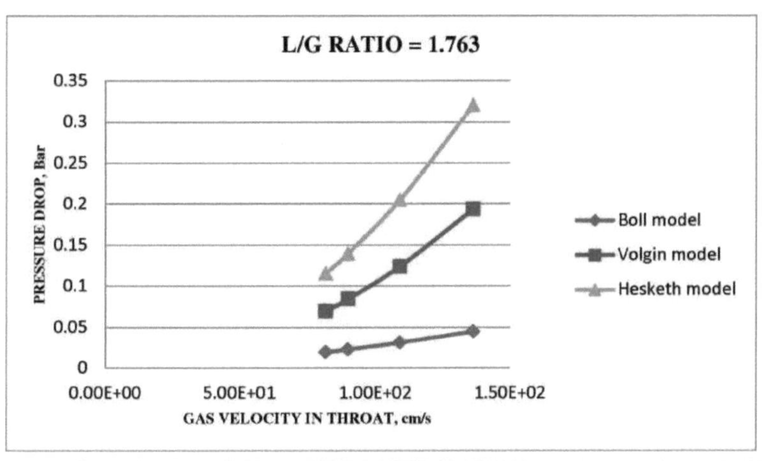

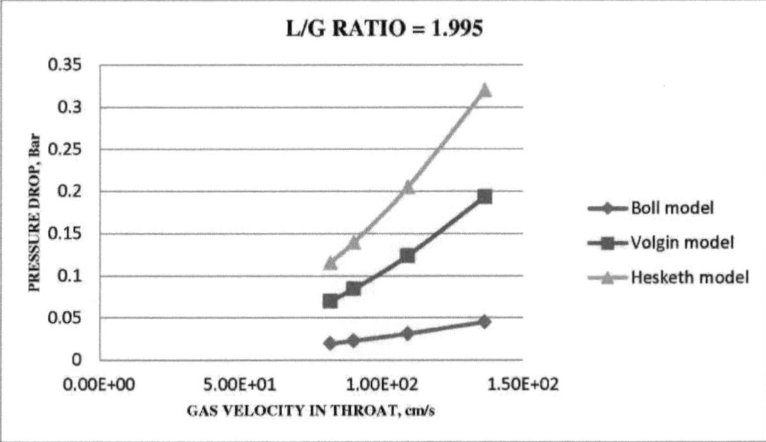

Variação da perda de carga com a velocidade do gás na garganta a L/G = 2,544
Variação da perda de carga com a velocidade do gás na garganta a L/G = 3,086

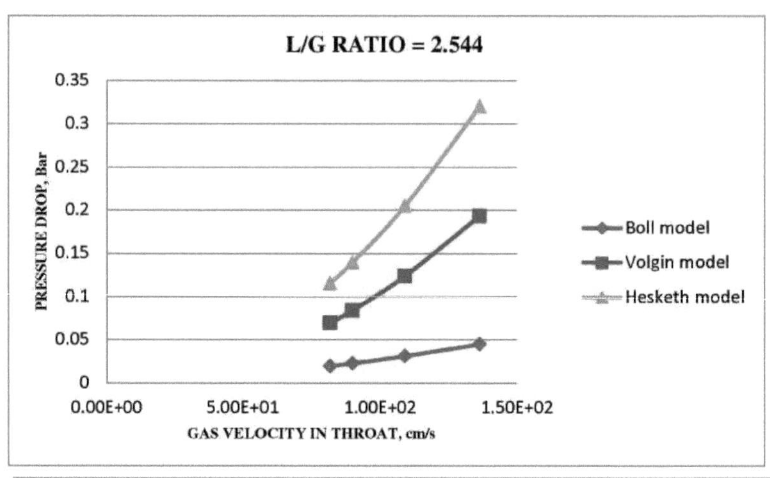

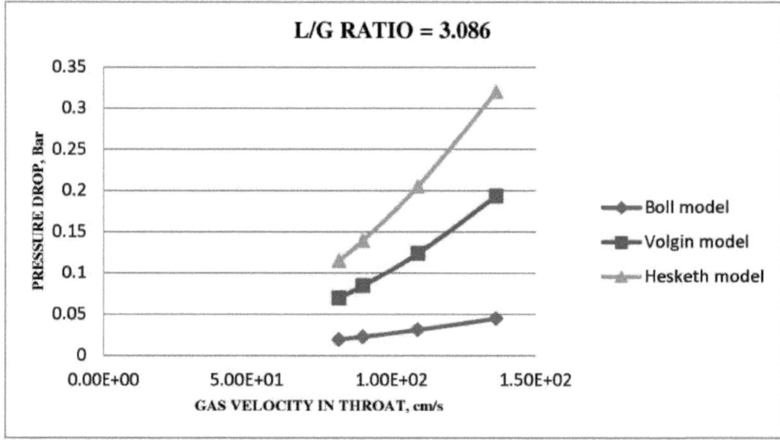

Fig. 6.7: Variação da queda de pressão com a velocidade do gás no gargalo a L/G = 3,326

Fig. 6.8: Variação da perda de carga com a velocidade do gás na garganta a L/G = 3,751

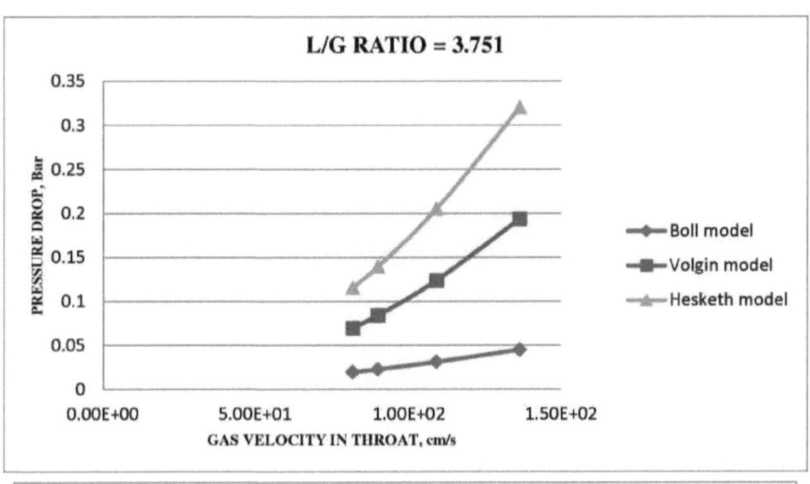

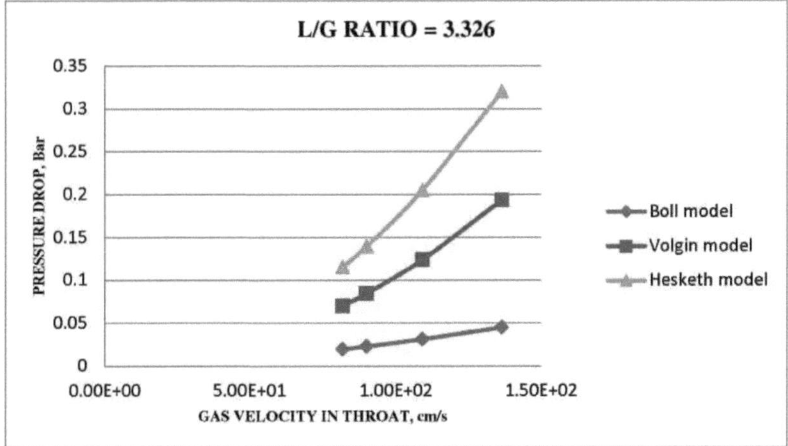

Fig.6.9: Variação da perda de carga com a velocidade do gás na garganta a L/G = 4,501

Fig. 6.10: Variação da queda de pressão com a velocidade do gás na garganta a L/G = 5,746

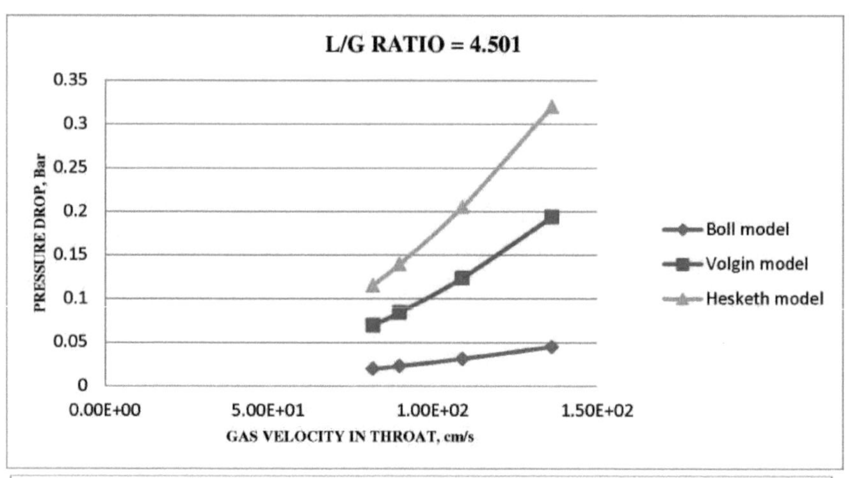

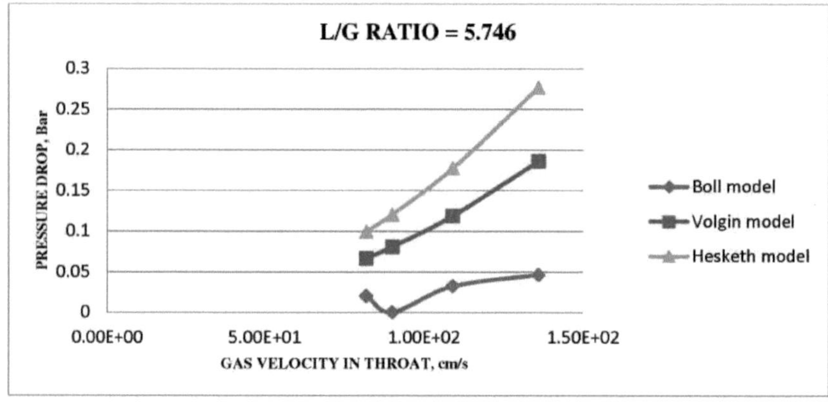

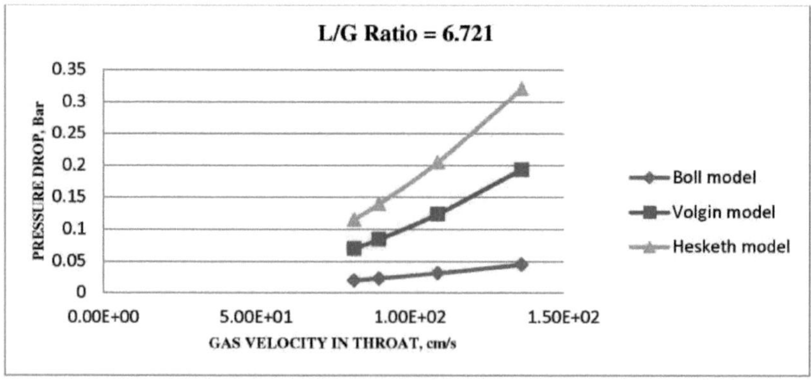

Fig. 6.11: Variação da queda de pressão com a velocidade do gás na garganta a L/G = 6,721

Os diagramas mostram que, à medida que a velocidade do gás na garganta e a relação L/G aumentam, a queda de pressão através do venturi aumenta. Isto deve-se ao facto de, à medida que a velocidade do gás na garganta aumenta, a pressão estática diminui, resultando numa queda de pressão significativa.

7. OBSERVAÇÕES FINAIS

7.1. Conclusões

7.1.1. Eficiência de remoção de iodo de um lavador Venturi auto-ferrante

Foi efectuado com êxito um estudo experimental da eficiência de remoção de iodo num purificador venturi auto-ferrante. Embora a eficiência de remoção do purificador venturi não seja tão boa (43-66%), é necessário melhorar a conceção do sistema (utilização de diferentes modelos de venturi através da modificação dos parâmetros convergentes e divergentes). Este facto pode ser assinalado em futuros trabalhos sobre este tema. Este estudo oferecerá, de facto, muitas vantagens para trabalhos de demonstração destinados a prever a solubilidade do iodo na água e a sua dependência do pH. Estes resultados representam a situação prática do fenómeno de remoção por confinamento e podem ser alargados para trabalhos de simulação baseados em diferentes geometrias de depuradores.

Os resultados experimentais da eficiência de remoção de iodo foram obtidos para dois valores diferentes de pH da água, um neutro e outro básico (ou seja, pH 9). A eficiência máxima de remoção de iodo é obtida a um pH de 9, embora o volume de água no tanque não seja o mesmo nos dois casos. Podemos então concluir que a máquina de lavar venturi remove o iodo mais eficazmente quando o líquido de lavagem tem um pH elevado, porque a solubilidade do iodo melhora com um pH mais elevado.

7.1.2. Queda de pressão através do depurador Venturi

A queda de pressão através do purificador Venturi é analisada utilizando três modelos matemáticos diferentes: O modelo de Boll, o modelo de Volgin e o modelo de Hesketh. Os resultados desta análise mostram que a perda de carga depende principalmente da relação líquido/gás e da velocidade do gás na garganta. Uma maior perda de carga é vantajosa para otimizar o desempenho do depurador venturi, uma vez que quanto maior for a perda de carga, maior será a velocidade do gás, e esta velocidade do gás é importante, uma vez que o sucesso do depurador venturi se deve principalmente à compressão inercial. Quanto maior for a relação L/G, maior será a queda de pressão, o que também melhora a eficiência da separação.

Os resultados teóricos de perda de carga obtidos com os três modelos diferentes são comparados com os resultados experimentais na Tabela 7.1 abaixo.

TABELA 7.1: Comparação dos resultados experimentais e teóricos da perda de carga
Sobre a máquina de lavar Venturi

Experimental Queda de pressão (kg/cm)^2	Queda de pressão teórica (kg/cm)^2		
	Modelo Volgin	Boll Modelo	Hesketh Modelo
0.07 - 0.14	0.04 - 0.19	0.02 - 0.05	0.03 - 0.32

A tabela acima mostra que os resultados da perda de carga obtidos com os modelos teóricos estão dentro da gama da perda de carga experimental, com ligeiras variações, que podem ser devidas a erros instrumentais ou a outros pressupostos assumidos aquando da conceção da geometria do purificador Venturi.

No entanto, o resultado da perda de carga obtido com o modelo de Volgin é mais exato do que o valor experimental. O modelo de Volgin é, por conseguinte, recomendado para o presente trabalho, o que confirma o nosso resultado.

Embora os vários resultados obtidos no presente estudo possam ou não ser igualmente exactos, permitiram-nos procurar melhorias a introduzir na conceção existente da montagem experimental para futuras investigações sobre o mesmo assunto.

7.2. Âmbito de aplicação futuro

Este trabalho limita-se ao método de titulação, mas, se desejado, podem ser utilizados outros métodos como HPLC, cromatografia UV, cromatografia iónica ou outros métodos espectrais para medir a concentração de iodo. Outros métodos de determinação do iodeto incluem a espetrometria de massa com diluição isotópica (ICP-AES (para o iodeto e o iodato)). Métodos colorimétricos para a determinação de espécies de iodo na água na gama de 0,1 a 1,0 mg/L ou mais, que são particularmente adequados para água potável e piscinas. As formas químicas do iodo radioativo em diferentes amostras de água foram caracterizadas por troca isotópica/extração por solvente ou cromatografia em coluna de troca aniónica com deteção de NaI.

Os planos propostos para o trabalho futuro são os seguintes

(1) Melhoria da eficiência de remoção de iodo de um depurador venturi através da modificação da geometria do depurador.

(2) Instalação de um triturador de bolhas grossas num ponto do tanque.

(3) Medição da eficiência de separação de aerossóis por cromatografia de iões de gás.

(4) Separadores de humidade e filtros de rede metálica para melhorar a eficiência.

(5) Aplicação de técnicas (aquecimento externo de tubagens com serpentinas) para remover resíduos de iodo das tubagens.

(6) A concentração da amostra pode ser medida à entrada e à saída, permitindo a medição direta da eficiência da remoção de iodo.

<u>**ANEXO - I**</u>

Padronização da solução de tiossulfato de sódio (Na2S2O3) **com solução de dicromato de potássio** (K2Cr2O7) **N/10**

<u>Objetivo:</u> padronizar uma solução de tiossulfato de sódio (Na2S2O3) com uma solução de dicromato de potássio N/10 (K2Cr2O7).

<u>Material disponível:</u> bureta, pipeta, balão iodado ou Erlenmeyer com rolha, copo.

<u>Produtos químicos:</u> solução de tiossulfato de sódio (Na2S2O3), solução de dicromato de potássio N/10 (K2Cr2O7), solução de KI a 10%, solução de amido, H2SO4 diluído. H2SO4.

<u>Reacções :</u>

K2C2O7 + 4H2SO4 ^ K2SO4 + Cr2(SO4)3 + 4H2O + 3[O]

6KI + 3H2SO4 ^ 3K2SO4 + 6HI

6HI + 3[O] ^ 3I2 + 3H2O

₆2Na2S2O3 + I2 ^ Na2S4O + 2NaI

Teoria: esta normalização é um exemplo de titulação iodométrica em que a normalidade de uma solução desconhecida, como Na2S2O3, é determinada por titulação com uma solução padrão, como K2Cr2O7. Quando o K2Cr2O7 é tratado com . H2SO4 diluído, é libertado oxigénio nascente. Este reage com a solução de KI e liberta iodo, que é então tratado com uma solução de Na2S2O3. O amido é utilizado como indicador.

<u>Procedimento:</u>

1. Lavar a bureta e encher até zero com solução de Na2SO3.
2. Pipetar 10 ml da solução de K2Cr2O7 para um frasco de iodo limpo ou para um Erlenmeyer fechado. Adicionar um tubo de ensaio cheio de H2SO4 2N e 10 ml de solução de KI a 10%.
3. Fechar o frasco, agitar o conteúdo e deixar repousar no escuro durante 5 a 10 minutos.
4. Diluir o conteúdo do balão com 25 ml de água da torneira e titular o iodo libertado com Na2SO3 na bureta até obter uma cor amarela clara.
5. Adicionar cerca de 2 ml de solução de amido recentemente preparada como indicador e continuar a titulação até que a cor da solução mude de azul escuro para verde claro.

6. Anotar o valor medido pela bureta. Repetir a titulação até obter valores de medição constantes.

7. Calcule a normalidade e a força da solução de Na2SO3.

<u>Comentários :</u>

1. Solução de bureta - Na2S2O3

2. Solução em Erlenmeyer - 10 ml de K2Cr2O7 + um tubo de ensaio cheio de 2N

H2SO4 e 10 ml de uma solução de KI a 10%.

3º indicador   - Solução de amido

<u>Quadro de observação :</u>

QUADRO 7.2: TITULAÇÃO IODOMÉTRICA

Ler a bureta	1 (ml)	2 (ml)	3 (ml)	R.B. médio (ml))
Última leitura				
Primeira leitura				.........ml
Diferença				

<u>Cálculos :</u>

Normalidade da solução de Na2S2O3.

Na2S2O3=K2Cr2O7

N1V1=N2V2

N1 x B.R. =0   ,1 x 10

N1   =0   .1 x 10 / B.R.

Normalidade da solução de Na2S2O3 .... =N

Força da solução de Na2S2O3 = Normalidade x peso equivalente = N1 x 248,2

concentração da solução de Na2S2O3 =gm/litro

<u>ANEXO - II</u>

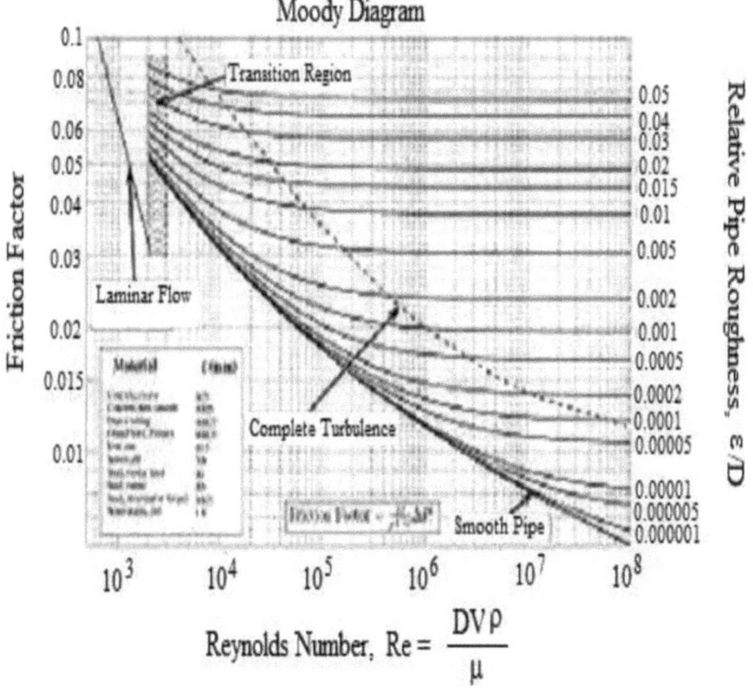

$$Re = \frac{DV\rho}{\mu}$$

LISTA DE PUBLICAÇÕES/CONFERÊNCIAS :

- N.P. Gulhane, A.D. Landge , D.S. Shukla , S.S. Kale **"Experimental study of iodine removal efficiency in self-priming scrubbers"-Elsevier Publication**
- A.D. Landge, N.P. Gulhane, **"Study of Iodine Removal Efficiency in Self-priming Venturi Scrubber"** como **lembrança do ICST**

REFERÊNCIAS

[1] Rust, H., Tannler, Ch, Heintz, W., Haschke, Nuala, M., Jakab, R., 1995, "Pressure release of containments during severe accidents in Switzerland", Nucl. Eng. Des.157, 337-352.

[2] Kolditz, J., 1995. GKN I e GKN II "Depressurização da contenção do reator e medidas contra a libertação de energia do hidrogénio em caso de acidente grave", Nucl. Eng. Des, 157(3): 299 310

[3] AREVA INC, 2011, "Filtered Containment Venting System", Sede One Bethesda Center, 4800 Hampden Lane Suite 1100, Bethesda, Maryland 20814.

[4] R. P. Prior, Dr. D. Freis - "Optimisation of filtered containment systems for severe accidents - Severe accident analysis and dry filter technology". Reunião Internacional de Peritos sobre a Segurança dos Reactores e do Combustível Irradiado à luz do Acidente da Central Nuclear de Fukushima Daiichi. Poster ref. IAEA-CN-209-047.

[5] Schlueter, R. O. e Schmitz, R. P., "Filtered Vent Containments", Nuclear Engineering and Design, Vol. 120, 1990, pp. 93-103.

[6] Bernd A. Eckardt, Michael Blase, Norbert Losch, "Containment Hydrogen Control and Filtered Venting Design and Implementation", Framatome ANP, Offenbach, Alemanha.

[7] Yung, S., S. Calvert, e J. F. Barbarika. 1977, "Venturi Scrubber Performance Model", EPA 600/2-77-172. Agência de Proteção Ambiental dos EUA. Cincinnati, OH.

[8] Pulley, R. A. (1997), "Modelling the performance of Venturi scrubbers", Chemical Engineering Journal, 67, 9-18.

[9] R.H. Boll, "Partikelsammlung und Druckabfall in Venturiwäscher", Ind. Eng. Chem. Fundam, 12 (1) (1973) 40-50.

[10] Ananthanarayanan, N.V. ; Viswanathan S., "Estimating Maximum Removal Efficiency in Venturi Scrubbers", AIChe J. 1998, 44, 2549.

[11] Allen, R. W. K., & Van Santen, A. (1996), "Designing for pressure drop in venturi scrubbers: The importance of dry pressure drop", Chemical Engineering Journal, 61, 203211.

[12] Goel, K. C., & Hollands, K. G. T. (1977), "Optimum design of Venturi scrubbers", Atmospheric Environment, 11, 837-845.

[13] Val'dberg, A. Yu e F.E. Dubinskaya, "Design and operational aspects of Venturi scrubbers", Chemical And Petroleum Eng. 38 (2002) 7-8.

[14] A. Rahimi A. Bakhshi, "A Simple One-Dimensional Model for Investigation of Heat and Mass Transfer Effects on Removal Efficiency of Particulate Matters in a Venturi Scrubber", Iranian Journal of Chemical Engineering Vol. 6, No. 4 (Autumn), 2009, IAChE.

[15] Yamauchi, J., Wada, T., & Kamei, H. (1963), "The pressure drop across venturi scrubbers", Kagaku Kogaku, 27(12), 974-997.

[16] Viswanathan, S., Gnyp, W. A., St. Plerre, C. "Examination of gas liquid in a Venturi scrubber", Ind. Eng. Chem. Fundam. 23, 303-308, (1984).

[17] Hollands, K. G. T., & Goel, K. C. (1975), "A general method for predicting pressure loss in venturi scrubbers", Industrial and Engineering Chemistry Fundamentals, 14(1), 16-22. Ravindram, M., & Pyla, N. (1985).

[18] Hesketh, H. E. (1974), "Fine particle collection efficiency related to pressure drop, scrubbant and particle properties, and contact mechanism", Journal of the Air Pollution and Control Association, 24(10), 939-942.

[19] Calvert, S. ; Goldshmid,J. ; Leith,D. ; Mehta,D, "Scrubber Handbook", NTIS Publication No. 213-016, 1972.

[20] Haller H., E. Muschelknautz, e T. Schultz, "Venturi Scrubber calculation and Optimization", Chem. Eng. Technol.,12(1989)188.

[21] David Leith, Douglas W. Cooper e Stephen N. Rudnick, Departamento de Ciências Físicas e Engenharia, "Venturi Scrubbers: Pressure loss and recovery".

[22] Brink, J.A. e C.E. Contant, "Experiments on Industrial Venturi-Scrubbers", Ind. Eng. Chem. 50, 1157, 1958.

[23] Majid, A., Changqi, Y., Zhongning, S., Haifeng, G., Khurram, M., 2013, "Dust particle removal efficiency of a venturi scrubber", Ann. Nucl. Energy 54, 178-183.

[24] Lehner, M., 1998, "Aerosol separation efficiency of a venturi washer working in self-aspiration mode", Aerosol Sci. Technol. 28, 389-402.

[25] Parker, G. J., & Cheong, K. C. (1973), "Air-water tests on a Venturi for entraining liquid films", International Journal of Fluid Mechanics Science, 15, 633-641.

[26] Nukiyama, S. ; Tanasawa, Y., "Experiment on atomization of liquid by means of air stream", Transactions of the Society of Mechanical Engineers - Japan, v.4, n.14, p.86- 93, 1938.

[27] Fernandez Alonso, D.; Goncalves, J.A.S.; Azzopardi, B.J.; Coury, J.R., "Drop size measurements in Venturi scrubbers", Chemical Engineering Science, v.56, p.4901-4911, 2001.

[28] D.F. Alonso, J.A.S. Goncalves, B.J. Azzopardi, J.R. Coury, "Drop size measurements in Venturi scrubbers", Chem. Eng. Sci. 56 (2001) 4901-4911.

[29] Teixeira, S. F. C. F. (1989). "Um modelo para a hidrodinâmica de venturi, aplicável a lavadores", tese de doutoramento. Universidade de Birmingham.

[30] Gamisans, X., Sarra, M., Lafuente, F.J., 2002, "Gas pollutants removal in a single- and two-stage ejetor-venturi scrubber", J. Hazard. Mater. B90, 251-266.

[31] Mark Omara, Punith Dev Nallathamby, "Factors influencing the performance of Venturi scrubbers" (Factores que influenciam o desempenho dos depuradores Venturi).

[32] Organização Mundial de Saúde, 2011. Segurança alimentar em caso de emergência nuclear.

[33] Lehrbuch der Chemisch-Analytischen Titrirmethode, Friedrich Mohr, Vieweg, 1862.

[34] The basics of chemistry, Meyers, R., Greenwood Press, 2003.

[35] Organic Chemistry, Clayden, J., Warren, S., et al. Oxford University Press, 2000.

[36] Brady, James E., e John R. Holum. Chemistry - The Study of Matter and its Changes. Nova Iorque: John WIley & Sons, Inc. 1993. 484- 87. Impresso.

[37] Macleod, Anne L., e Edith H. Nason. Chemistry and the Culinary Arts. Segunda edição. Nova Iorque e Londres: McGraw Hill Book Company, Inc. 1937. 126-31. imprimir.

[38] Miall, L. M, ed. A new dictionary of chemistry. Terceira ed. Londres, WI: Longmans, Green and Co Ltd , 1961. 549-50. imprimir.

[39] Parker, Sybil P., ed. McGraw-Hill Encyclopedia of Chemistry . N.p. McGraw Hill Book Company, 1983. 1065-70. Impressão

[40] Petrucci, Ralph H., William S. Harwood , F. G. Herring, e Jeffrey D. Madura. General Chemistry - Fundamentals and Modern Applications (Química Geral - Fundamentos e Aplicações Modernas). Nona edição. Upper Saddle River, NJ: Pearson Education, Inc. 2007. 163-67.

[41] Wilbraham, Anthony C., Dennis S. Staley, Michael S. Matta, e Edward L. Waterman.

Prentice Hall Chemistry. Boston: Pearson Education, Inc. 2007. 613-16.

[42] N.P. Gulhane et al. "Experimental study of iodine removal efficiency in self-priming venture scrubber" Annals of Nuclear Energy, 78 (2015) 152-159.

I want morebooks!

Buy your books fast and straightforward online - at one of world's fastest growing online book stores! Environmentally sound due to Print-on-Demand technologies.

Buy your books online at
www.morebooks.shop

Compre os seus livros mais rápido e diretamente na internet, em uma das livrarias on-line com o maior crescimento no mundo! Produção que protege o meio ambiente através das tecnologias de impressão sob demanda.

Compre os seus livros on-line em
www.morebooks.shop

Printed by Books on Demand GmbH, Norderstedt / Germany